数据治理
实践者手记

苏振中　刘永强◎著

电子工业出版社
Publishing House of Electronics Industry
北京•BEIJING

内 容 简 介

数据治理是一门实践中的学问。本书轻理论、重实践，是一份实用的数据治理指南，涉及数据治理组织、管理制度、流程规范、数据标准管理、数据质量管理、元数据管理、主数据管理、数据安全与隐私等主题。全书共分为 3 篇，第一篇包含第 1 章和第 2 章，介绍数据治理的理论与方法；第二篇包含第 3 章至第 6 章，介绍数据治理的平台建设与工具；第三篇包含第 7 章至第 9 章，介绍不同场景下的数据治理案例，通过案例场景细节解读和工作步骤阐述，帮助读者将数据治理理论转化为切实可行的解决方案和行动策略。

本书适合数据管理专家、企业决策者、数据治理从业者，以及对数据治理感兴趣的人士阅读。

图书在版编目（CIP）数据

数据治理实践者手记 / 苏振中，刘永强著. —北京：电子工业出版社，2024.4

ISBN 978-7-121-47568-9

Ⅰ. ①数… Ⅱ. ①苏… ②刘… Ⅲ. ①数据管理 Ⅳ. ①TP274

中国国家版本馆 CIP 数据核字（2024）第 056622 号

责任编辑：张　爽　　　　　　特约编辑：田学清
印　　刷：北京天宇星印刷厂
装　　订：北京天宇星印刷厂
出版发行：电子工业出版社
　　　　　北京市海淀区万寿路 173 信箱　　　邮编：100036
开　　本：720×1000　　1/16　　印张：21.5　　字数：275 千字
版　　次：2024 年 4 月第 1 版
印　　次：2024 年 9 月第 2 次印刷
定　　价：99.00 元

凡所购买电子工业出版社图书有缺损问题，请向购买书店调换。若书店售缺，请与本社发行部联系，联系及邮购电话：（010）88254888，88258888。
质量投诉请发邮件至 zlts@phei.com.cn，盗版侵权举报请发邮件至 dbqq@phei.com.cn。
本书咨询联系方式：faq@phei.com.cn。

前　言

写作背景

我们正在从信息化时代迈向数字化、智能化时代。在数字化时代，数据与土地、劳动力、资本、技术被并列为五大生产要素。数据已经成为企业最宝贵的资源之一，而数据治理作为管理和优化数据资产的关键领域，对于企业成功实现从"流程驱动"到"数据驱动"来说至关重要。

随着技术的迅猛发展和互联网的普及，企业面临着前所未有的数据洪流。大数据、云计算、人工智能、ChatGPT、大模型、AIGC 等新技术的涌现，在为企业提供更多的数据分析和应用方式的同时，也带来了更多的挑战。数据治理并非一项简单的技术挑战，而是一项跨部门、跨业务的组织变革任务，需要跨越组织边界整合各种技术和业务要求，并与企业战略紧密结合。在这个数据爆炸的时代，如何从海量的数据中准确获取所需信息，成为企业管理和决策的关键问题。

数据治理作为一种全面的管理和治理方法，针对数据的质量、安全、合规性等方面进行规范与控制，以确保数据的可信性及有效性。在数字化时代，数据治理的重要性愈发凸显。一个有效的数据治理系统不仅可以提高企业对数据的价值利用，还可以优化业务流程、支持决策分析、降低风险，从而为企业创造更高的价值。

然而，数据治理并非一蹴而就的简单过程。从数据处理的技术层面来说，它涉及多个方面，包括数据采集、存储、加工、传输、分析等各个环节。与此同时，要获得良好的数据治理效果，就不能单纯考虑技术方面，还需要综合考虑与之相关的组织机构、管理制度、数据标准、流程规范等多种因素。而且，不同行业和企业所处的不同发展阶段，使企业对数据治理的核心需求也存在差异。因此，制定符合自身需求的数据治理平台规划成为企业进行数据治理的一项关键任务。

有感于某些朋友及客户的反馈，很多数据治理相关资料写得过于专业，看的时候觉得每个字都认识，好像也看懂了，然而合上书本之后，真正在实际开展项目时依旧有很多的困惑。笔者的写作初衷是希望本书可以更侧重于实践落地过程，探讨工作步骤、具体任务执行难点和应对策略，结合笔者多年数字化转型咨询、数据治理咨询及数据智能化项目落地实施经验，分享方法理论、软件工具、行业实践案例和经验教训，帮助读者更好地理解数据治理的挑战和机遇，并在实际工作中有效地应用敏捷数据治理方法。

当前，金融行业的数据管理成熟度比较高。金融行业监管严格，而且 IT 预算充裕。在政策的大力推动之下，电信、油田、电力、政务等领域开展了很多的数据标准建设项目，数据管理成熟度也明显高于其他领域。这些行业的数据治理项目比较重视完善的顶层设计规划，会采用招投标方式寻找与外部数据治理咨询服务公司的合作机会，投资规模也相当大。

本书希望通过敏捷数据治理平台建设方法的介绍，让更多身处充分竞争领域（如制造业、消费品、大健康、服务业等）的企业能够以更低成本、更高成功率开展数据治理。这些企业的预算少、事务多，对于投入产出比十分敏感，初期投入谨慎，且非常关注数据治理项目如何赋能业务、创造价值。面向金融企业的那种大而全、重规划、高投入、细粒度的数据治理方法，并不太适合那些处于野蛮成长阶段的对成本敏感、看重性价比的企业。

本书的编写正是基于这样的写作背景。笔者希望通过结合实际案例和自己的经验，为广大读者提供一份实用的数据治理指南，帮助读者解决数据治理工作中所遇到的难题，使读者掌握数据治理项目开展过程中的全局性思维和核心能力。

学习建议

数据治理是一门综合性的学科，可能会让初学者感到有些复杂和深奥。然而，只要保持学习的态度和耐心，每个人都可以掌握数据治理的核心知识和技能。笔者建议读者在阅读本书的过程中，多加思考和实践，结合自己的工作场景，深入理解数据治理的理念，并将其运用到实际工作中。

本书侧重于实践，读者在阅读过程中可以通过目录快速浏览本书的主要章节，根据需要优先阅读最感兴趣的章节内容。如果读者想要了解数据治理的核心知识，则可以优先阅读第 3 章和第 4 章；如果读者对与数据治理相关的技术工具比较感兴趣，则可以阅读第 6 章。

有一定基础的读者，可以结合手里的其他数据治理相关资料进行主题式阅读。比如，找出多本有关主数据的图书，对比阅读与主数据相关的内容。当然，有时间的读者可以多花一些时间思考一下本书第 2 章中敏捷数据治理方法论的底层构建原理，了解如何从一个范围模糊、数据需求各异的数据治理项目中，通过结构化的方式提炼出共性和管控的关键要点，并设计有序的操作步骤、总结出系统化的方法论。

数据治理是一个不断演进、跨学科的领域，综合性很强，只有坚持不懈地学习和探索，才能在实践中逐步成长。"独学而无友，则孤陋而寡闻"，笔者希望本书能成为大家的良师益友，为大家在数据治理的道路上提供一些有益的指导和启示，也欢迎大家跟笔者交流探讨。

本书特色

本书是一份数据治理实践指南，可以帮助读者深入了解数据治理的核心概念、方法、工具和实践。本书系统性地介绍了敏捷型数据治理平台的建设方法，从数据治理体系规划到实施策略，从组织架构到技术工具，从方法体系到场景实操，帮助读者构建可持续的敏捷数据治理框架体系，使读者在数据治理的道路上走得更顺畅。

本书不追求面面俱到、不贪大求全，只是试图讲透数据治理所有的细节。本书也不是单一地论述数据标准或主数据等某一个话题，毕竟仅仅针对银行业的数据标准如何确定，也可以专门写成一本非常厚的专业图书。本书将从"道""术""器"的角度深入探讨数据治理实践过程中的理论、方法、工具等核心要素，包括数据治理组织、管理制度、流程规范、数据标准管理、数据质量管理、元数据管理、主数据管理、数据安全与隐私等话题。

数据治理是一门实践中的学问。本书轻理论、重实践，通过案例场景细节解读和工作步骤阐述，帮助读者将数据治理理论转化为切实可行的解决方案和实际行动策略。无论你是数据管理专家、企业决策者、数据治理从业者还是对数据治理感兴趣的人士，本书都将成为你在数据治理领域的伙伴和指南，为你的数据治理之旅提供支持及指引，助力你在数据治理领域少走弯路。

本书共 9 章。第 1 章介绍数据治理的背景和基础知识；第 2 章介绍敏捷数据治理方法论；第 3 章至第 5 章介绍敏捷数据治理平台的技术规划、核心功能设计、项目落地实施等方面的知识；第 6 章介绍数据治理技术工具，以及相关开源软件产品、商业软件产品的特点等；第 7 章至第 9 章介绍数据治理不同场景的案例，从应用、技术和业务等不同角度，深入分析具体案例实践中的难点及应对策略。

建议和反馈

在编写本书的过程中，尽管笔者已经付出了极大的努力来保证内容的准确性，但数据治理领域的知识和技术不断更新，本书难免存在一些遗漏或错误。因此，笔者诚挚地邀请读者提出宝贵的建议。如果你在阅读过程中发现了任何问题或有任何意见，都请及时与笔者联系，可以发送邮件到笔者的邮箱 51176080@qq.com 或本书编辑的邮箱 zhangshuang@phei.com.cn，以帮助笔者改进和完善本书。

致谢

本书的出版离不开笔者家人的支持和帮助，也离不开职业生涯中指导和帮助过笔者的老师、朋友、同事、客户等。

十分感谢编辑团队的辛勤工作，他们对本书的编辑和排版付出了相当多的努力。此外，特别感谢张爽老师，张老师是一位非常出色的编辑，其在章节结构的编排、配图及具体文字的润色等方面提出了非常多的专业性建议。

目　录

第一篇　理论与方法

第二篇　平台建设与工具

第三篇　场景解读

第一篇　理论与方法

第 1 章

为什么数据治理如此重要

矿石需要冶炼吗？

石油需要提炼吗？

数据需要治理吗？

在未来的智能商业时代，数据就像石油一样，被称为数字社会的基础能源。通过物联网、数据埋点、日志、业务系统等，企业可以收集到大量的数据。但是，如果这些数据没有得到正确的治理，则必然存在很多杂质，难以被直接应用。对垃圾数据进行分析，只会得出误导性的结论。

数据治理类似原油的提炼过程，可以消除数据中的杂质，帮助企业更好地提高数据的质量和准确性。数据治理需要用一套完整的作业机制来确保数据的来源和处理过程可靠，从而获得高质量的数据，提高企业数据的应用价值。此外，数据治理还可以完善数据访问的安全机制，保护企业的商业机密和客户信息。数据治理是一个综合性的过程，涉及数据的采集、存储、处理、分析、保护和使用等方面。数据治理的相关体系、流程、方法和技术，在促进多业务系统协同工作、有效数据全链路流转的过程中扮演着关键角色。

1.1　科技特征及演化趋势

1. 科技发展的不可逆转性

科技的发展过程中有一个常识性的核心规律：科技总是一往无前地发展。科技就像一个生物体，逐步扩大着它的领地，持续延伸着自己的触角，深入我们的生活、工作、社会等各个层面，一旦占领了某个领域，就会继续前行。从古至今，科技在某一阶段可能发展得慢一点，但其始终以一种不可逆转、不可抗拒的力量推动着人类社会向前发展。

科技发展具有不可逆转性，一旦某项科技成果被发现或创造出来，就不可能抹去它的存在。比如，电子计算机改变了人类的生活方式和工作方式，成为当今社会的重要基石，这项技术不可能被消除或倒退。因此，科技发展是一种不可逆转的历史进程。

随着人类社会的不断进步和发展，科技也在不断创新和发展。这种发展是以人类对自然界的认识和理解为基础的，是人类对未来的探索和追求。科技发展是人类面临各种挑战和问题的解决途径。在人口增长、环境污染、能源短缺等方面，科技发展带来了许多解决方案和更多的可能性，可以帮助人类应对未来的挑战和问题。这些解决方案一旦被人类掌握和应用，就不可能回到过去的状态。

2. 未来人类被 AI 驱动

人工智能（Artificial Intelligence，AI）、大数据等作为科技在计算机行业的一个分支领域，同样具备不断发展和在各个场景中的应用持续深化的趋势。

随着这些技术的持续发展和完善，人们可以通过先进的技术和工具来收集、分析及利用数据，基于数据的分析与决策模型来完成各种任务。从另一个角度来看，我们日常的生活和工作也会被具有数据分析能力的 AI 所主导。未来，这种数据驱动的工作方式将会被广泛采用。

美团的外卖配送员，根据平台的指令按时送达外卖；滴滴的司机师傅，通过平台的指令接单，按照给定的路径行驶；快消品行业的业务代表在销售能力自动化（Sales Force Automation，SFA）系统的指令下，每天按照规划好的路径、规定的时间段和标准化的动作开展巡店工作。这些当下已经到来的数据类智能化应用，已经为我们揭开了未来的一角。

未来，我们会穿着智能服装、戴着智能眼镜和耳机等设备。这些设备可以自动收集数据并将其传输到一个中央数据平台。这个中央数据平台可以分析数据，提供洞察力和支持，帮助我们做出更好的决策。

销售人员使用社会化客户关系管理（Social Customer Relationship Management，SCRM）系统来管理客户关系。销售人员在 SCRM 系统中可以看到客户的历史购买记录、反馈和行为数据，这些数据可以帮助他们更好地了解客户的需求和偏好，从而为客户提供更加个性化的服务。

医生使用诊疗系统来诊断病人。医生可以在诊疗系统中访问病人的历史病历、查看病人的生命体征和药物记录数据，以确定最佳的治疗方案和预测病人的健康风险。

产线工程师利用生产管理系统监控和优化生产线。通过生产管理系统，产线工程师可以实时地跟踪机器的性能和工作状态，以及员工的生产效率及行为。这些数据有助于产线工程师及时发现问题并采取措施，以保障生产线的高效运作。

未来，数据驱动的工作方式必将成为人们的工作、生活的一部分。无论是销售、医疗、生产、交通、金融领域，还是其他领域，都会使用数据智能化技术来辅助人们做出更好的决策、提高效率。

3. "超级 AI 生命体"调度全球资源和生产力

站在更宏观的视角，我们可以把所有的联网计算机节点形成的网络，视为一个"超级 AI 生命体"。它拥有强大的智能与计算能力，能够调度全球的各种资源和生产力，使人类的生活更加舒适、高效且可持续。

这个"超级 AI 生命体"收集各种数据，包括社会、交通、气象、环境、经济数据等，对全球各地的资源和生产力进行实时分析及调度。它可以管理交通路线和进行能源分配，从而缓解交通拥堵并减少污染。它通过传感器来感知物理世界，优化农业和工业生产，使生产更加高效。

这个"超级 AI 生命体"监控人类的生活和行为，帮助人们做出更好的决策和安排。它可以提供个性化的健康和医疗建议，帮助每个人更好地管理自己的健康状况。它根据每个人的兴趣和需求，推荐适合的教育、娱乐和文化活动，让人们更好地享受生活。

这个"超级 AI 生命体"还可以针对许多全球性问题给出更有效的应对策略，如环境恶化、能源危机、贫困和疾病等。未来，这个"超级 AI 生命体"将与人类生活交融在一起，通过智能化的调度和管理让人类的生活更加美好。

在"超级 AI 生命体"调度全球资源和生产力这个不可抗拒、必然到来的未来趋势之下，在正确的数据基础上，被正确的策略所驱使，就成为一个非常重要的理想情况下的假设条件，数据治理也会成为智能决策过程想要获得正确结果的前置性基础保障措施。因此，数据治理的重要性日益凸显。

在不远的将来，数字化、智能化将渗透到社会的每一个角落。我们的生活、工作都将被深刻地改变。

从企业的角度来看，数据治理是实现组织进化与数智化转型、应对技术进化与剧烈内卷、推动数据消费场景演进的不可或缺的关键能力。在这个充满机遇与挑战的数据时代，通过有效的数据治理实践，企业将能够在竞争中脱颖而出，从而获得可持续的成功与发展。

1.1.1 组织进化与数智化转型

适者生存，组织进化。一个组织在不断适应和演变的过程中，总是要持续改善自身的生存及适应能力。这个过程类似于生物进化，需要不断适应环境变化。就像自然界的动物和植物需要通过适应环境进化出不同的特征一样，组织机构也需要通过适应市场、技术、政策、文化等方面的变化来进化。

适应市场的需求和变化是组织必备的一种生存能力。一个组织会采取变革运营模式、优化业务流程、改善产品布局、调整市场营销策略等诸多方式，来不断适应外界环境的变化。组织进化既不是一个单向的过程，也不是简单的改变和调整，它涉及一系列相互作用的因素，包括组织文化、人力资源、管理和领导风格等。在这个过程中，组织需要不断地学习和创新，同时保持稳定性与灵活性之间的平衡。组织进化的目标是使组织能够更好地适应不断变化的环境，从而提高其竞争力和生存能力。对于那些能够成功进化的组织来说，它们将能够持续地增长和繁荣，并在市场中占据一席之地。

数智化转型，是指利用人工智能、大数据技术来优化决策算法、落实数据驱动管理的理念，从数据挖掘、分析中洞察业务及管理优化的关键点和策略，改进组织的业务流程和决策机制。数智化转型是从信息化到数字化之后的下一个升级阶段，组织通过更加智能化的技术手段可以更好地理解和利用其数据资产，提高生产力、效率和创新能力。数智化转型需要组织重新评估其商业模式、流程、技术基础设施和人员能力等，以确保其能够发挥数字化优势。

在数字化的时代背景下，组织进化技术维度的大方向就是数智化转型。数智化转型包含数据智能的意思，可以帮助组织更好地基于数据来驱动管理，并基于数据来更精准、更客观地找到管理效率提升的核心要点。组织进化需要组织持续发展和变革，以适应新兴技术、市场趋势及竞争环境等方面的变化。数智化转型可以为组织提供更多的机会和资源，以促进组织的发展与成长。同时，组织进化可以为数智化转型提供必要的支持和原动力，使其更好地实现组织的战略目标。

1. 从业务信息化到业务数字化

企业在发展初期，为了提高效率和便于管理，通常会引入信息化技术。将基于手工操作的业务流程、表格、文件等信息通过计算机系统来管理，促进业务的自动化和信息化。在这个阶段，企业主要关注如何利用信息技术将业务流程线上化。随着企业规模的扩大，外部竞争加剧，简单的信息化能力逐渐难以满足企业对业务管理更加精细化、更加敏捷化的诉求。这时，企业会希望能更深入地应用信息技术，从信息中提炼出更多、更精准的数字化指标数据，并与业务管理规则相融合，持续性地提高管理效率。

业务信息化和业务数字化是两个相关但不完全相同的概念。它们都是指将业务过程通过信息技术进行改进和优化，以实现更高效、更精确、更智能的管理与运营。

业务信息化更侧重于使传统的线下、手工式的业务管理和运营方式通过计算机及网络等信息技术手段实现信息化与自动化，以提高管理效率及效益。例如，利用 ERP（Enterprise Resource Planning，企业资源计划）系统对企业资源进行集中管理、利用 OA（Office Automation System，办公自动化）系统进行办公流程管理、利用 CRM（Customer Relationship Management，客户关系管理）系统进行客户关系管理等都是业务信息化的典型应用。

而业务数字化则更侧重于将业务过程和操作转化为精确的数字形式，以便企业进行数据分析与挖掘，从而实现更精确、更高效、更智能的业务管理及运营。例如，利用物联网技术实现智能化生产，利用数据进行财务费用分析、库存优化、营销预测分析，利用人工智能技术提供服务等都是业务数字化的典型应用。

2. 从业务数字化到业务数智化

业务数字化侧重于业务流程和数据的数字化，以提高企业效率与管理水平。业务数智化则更进一步，通过智能化技术将业务流程和数据转化为有价值的洞察及决策支持。因此，数智化是一种更高级别的数字化转型，它将数字化转型扩展到业务智能和决策支持领域。

数智化能够将企业的数字化转型提升到更高的水平，实现数字化转型的全面深化。数智化广泛而深入地结合人工智能、机器学习、大数据分析等技术，从数据中发现价值、洞察趋势、提供决策支持。这使得企业可以更好地理解自身业务、市场趋势和客户需求，从而更加精准地进行业务决策和战略规划。

3．数据治理与数智化转型

数据治理是优化数据质量的管理方法，旨在确保企业能够在其业务流程中有效地使用和管理数据。数智化转型则是指通过数字技术和数据的智能化运用来优化企业的业务流程、提高效率及创造更多价值。在数智化转型过程中，数据治理扮演着至关重要的角色。企业通过数据治理过程来获得准确、一致、安全、可靠的数据，这些数据是企业完成数智化转型的基础。如果企业没有完善的数据治理体系来管理数据，问题数据就会不断出现，阻碍数智化转型的进程，从而影响数智化转型的成功，就像在跑步过程中鞋里总是进入小石头，时间长了会让人非常难受。

数据治理对于数智化转型的促进作用体现在以下几方面。

- 提供高质量数据基础：企业数智化转型需要通过大量的数据分析，优化业务流程，提高效率和创造价值。而数据治理可以确保这些数据准确、一致、安全和可靠，使企业能够基于数据做出更准确的决策，减少错误决策所带来的损失。

- 提高数据共享能力：数据治理可以帮助企业更好地共享数据资源，加速业务的办理，提高部门内部的协作效率和外部生态网络整体的协同效率，提升企业的整体效益。

- 增强数据分析能力：数据治理可以提高数据的透明度，使企业能够更好地理解数据的来源、用途和含义，从而更好地管理与使用数据。数据治理可以优化数据模型和访问权限，以便企业进行多维度、深层次的数据分析，从而获得深入的业务洞察力。这种分析可以为企业的数智化转型提供决策支持和战略指导。

- 管理数据隐私和安全：数智化转型涉及大量的数据流动，数据隐私和安全问题变得更加重要。数据治理框架可以保证企业对于数据的使用符合数据隐私与安全法规，保护个人数据及机密业务信息的安全。通过数据治理，企业可以保证数据的合规性，遵守相关法律法规和行业标准的规定，避免因违规而带来一定的法律风险。

在企业数智化转型过程中，数据是一项重要的资源，数据治理是企业数智化转型成功的关键因素之一。良好的数据治理在企业数智化转型过程中起着基础作用，企业需要将数据治理作为数智化转型计划的一部分，以成功实现数智化转型的目标。

1.1.2　技术进化与剧烈"内卷"

未来，商业会发展到智能时代，与此同时，商业竞争不仅会变成效率、成本、产品、体验等综合服务能力的角逐，更会变成基于数智化技术的剧烈"内卷"。呼啸而至的商业智能新时代，将同时充满新机遇和新挑战。

商业智能是指利用计算机、数据库和分析工具等技术，从企业内外部数据中提取有价值的信息并进行分析，为企业管理层提供决策支持的一种技术手段。随着数字化技术的不断进步，商业智能系统将会越来越强大，能够处理更多、更复杂的数据，提供更准确、更全面的决策支持。

在商业智能时代，数字化技术的应用就像各企业在数字化领域展开的竞赛。那些掌握新数字化技术的企业将获得更多的技术竞争优势，而那些缺乏数字化技术的企业将在竞争中落后于对手。这将进一步加剧数字鸿沟，造成不公平竞争的局面。

数据隐私和安全将成为一个重要问题。商业智能系统需要从大量的数据中提取有价值的信息，但是这些数据往往包含了大量的商业机密和用户的隐私信息。如果这些数据被泄露或滥用，则将给用户带来严重后果，并给企业带来合规性、公共关系方面的挑战。

数据治理和商业智能时代的关系非常密切。任何商业智能分析都要利用及时、准确的数据，这样才能帮助企业做出更明智的决策。数据治理是确保数据质量高、安全、合规和可靠的过程。

- 商业智能离不开可靠的数据源。商业智能要对数据进行分析和预测，而数据治理确保数据质量高且可靠。如果数据不可靠或不准确，商业智能的分析结果就会失去参考价值。

- 数据治理为商业智能提供了合规性保障。在商业智能时代，数据的隐私和安全非常重要。数据治理确保数据合规，企业可以运用数据治理技术对数据进行加密及脱敏，根据不同的要求对数据的访问授权，使数据可以被安全地使用。

- 数据治理可以协助商业智能发现更多的商业机会。数据资产目录可以帮助企业了解其拥有哪些数据，以及如何更好地利用数据。数据探索能力可以帮助企业发现数据中蕴含的新商业价值，并进行更明智的决策。

1.1.3　数据消费场景的演进

数据消费的场景朝着深度、广度两个方向演进，大致分为以下 3 个阶段。

1．第一阶段：基础数据收集和分析

在早期阶段，商业领域的焦点在于基础数据的收集和分析，如客户数据、销售数据、库存数据、财务数据等。这些数据汇总后形成的基础性报表，主要用于帮助企业更好地了解市场需求、产品销售情况、库存状况及财务状

况等，以便更好地制定商业策略和经营措施。在这个阶段，数据分析主要用于解决业务问题，以提高企业的效率和生产力。数据分析的方法主要包括统计分析和报表制作。

2. 第二阶段：高级数据分析

随着数据量的持续增加和数据分析技术的不断发展，商业领域的数据消费场景也在向高级数据分析方向推进。在这个阶段，企业开始使用更加先进的数据分析技术与算法，如机器学习和人工智能，以便更好地利用数据来解决业务问题和预测市场趋势。数据分析的广度和深度都得到了进一步的发展，数据分析的应用范围也不再局限于单一的业务问题，而是扩展到更广泛的业务领域。高管驾驶舱、BI（Business Intelligence，商业智能）报表、实时大屏监控、自助式的即席查询分析、数据探索等技术开始在企业中得到广泛运用。

3. 第三阶段：数据驱动的商业转型

随着商业领域的数据消费场景的深度和广度不断延伸，企业会意识到数据分析和数据驱动的商业转型的重要性。在这个阶段，数据驱动的商业转型将会成为企业战略和商业模式的重要组成部分，企业开始在不同的业务领域中广泛应用数据服务能力，以更好地了解市场需求、客户行为及业务流程。企业对数据的综合运用能力不再局限于简单的统计分析，而是将数据服务作为一种基础性的能力集成嵌入业务系统，使其成为企业管理核心能力的一部分。企业可以充分释放数据价值，在供应链生态圈中全局性地优化多方协同的能力，将数据驱动的商业转型作为一个长期的战略目标，并将其纳入价值创造链网络的各个环节。

我国企业利用数据应用改进用户体验、提高运营效率、降低成本的案例有很多。互联网服务领域的头部公司因其服务于 C 端消费者而广为人知，举例如下。

- 阿里巴巴：中国电商领域的巨头，利用大数据和人工智能技术来提高自身的商业竞争力。例如，阿里巴巴的智能客服系统可以通过自然语言处理技术，帮助用户快速解决问题，提高用户满意度；淘宝的千人千面技术可以用来收集用户行为数据并进行深入分析，从而生成精准的用户画像并推荐商品，达到大幅提高营业收入的目的。

- 腾讯：社交及游戏巨头，研发微信、QQ、王者荣耀等产品的公司。腾讯利用大数据和人工智能技术来提高其社交及游戏业务的竞争力。例如，微信可以通过人脸识别技术，实现用户身份验证和支付等功能，进而提高用户体验及安全性；腾讯游戏的智能推荐系统可以根据用户的游戏历史和偏好，推荐最适合用户的游戏，提高用户黏性和游戏收入。

- 京东：头部电商平台。京东通过大数据和物联网技术，强化其电商业务的竞争力。例如，京东的智能物流系统可以实时跟踪物流信息和库存情况，提高配送效率及准确性。

中国非数字原生企业也在不断运用数据应用方面的各种技术，以提高产品和服务质量、提高运营效率、降低运营成本等，从而构建持续的商业竞争力。举例如下。

- 中国移动：我国最大的通信运营商，利用大数据和人工智能技术来提高其网络运营及服务质量。中国移动的智能网络优化系统可以通过数据分析和模型预测，优化网络配置和资源调度，提高网络性能及服务质量。

- 海尔：以白色家电①制造为主的企业，利用物联网和大数据技术来提高其物流配送服务的质量与效率。海尔的智能制造系统可以通过监控和分析生产过程中的数据，提高生产效率与质量。

- 中国石油：中国最大的石油公司之一，通过大数据和物联网技术来提高油气勘探的成功率与效率。例如，中国石油的智能井场系统可以监测井场的温度、压力、流量等数据，实时监测和控制井场的运行，提高生产效率和安全性；中国石油的智能勘探系统可以分析地震、地质和地球物理数据，提升油气勘探的成功率与效率。

从数据的展示和直接消费层来看，智能化应用在广度、深度、自由度等方面也表现出可持续发展的特性，从简单的基础信息统计分析报表，到利用 BI 报表工具建设可视化的图形、仪表盘，再到业务部门可以自主进行多维度的数据下钻、上卷分析，以及自定义关联对比分析。

当下，基于数据的智能推荐、智能决策、风险预警等各个方面的数据深度应用能力，都在快速地发展。例如，通过智能推荐算法，对企业数据进行深度分析和学习，为用户提供个性化的商品选购建议，这种推荐算法可以大幅提高销售量。又如，智能决策系统可以辅助企业管理层和决策者更好地了解市场趋势、竞争对手和内部运营情况，从而制订更有效的执行计划。当企业的数据达到某些预定的阈值时，按照已配置的预警规则，风险预警系统会自动发出预警信息。这些预警信息会提醒企业管理层和决策者注意潜在的风险与机会，以便于及时采取相应的行动；帮助企业在发生重大变化之前，

---

① 白色家电：指可以替代人们家务劳动的电器产品，主要包括洗衣机、空调、电冰箱等。早期这些家电大多是白色的外观，因此得名。就算现在家电颜色多彩多姿，还是有很多人称家电产品为白色家电。

采取事前预防性应对措施，及时做出调整。

　　数据消费和数据治理之间存在着密切的关系。数据消费的过程依赖于数据治理来确保数据的准确性和完整性，保护数据的安全性及隐私性。而数据治理的目标是支持数据消费，通过规范的数据管理流程和标准，保证数据的质量与可靠，为业务决策提供正确的数据支持。数据消费和数据治理是相互依存的，以用促治，两者都贯穿于整个数据生命周期，目的是让数据持续地被使用，从而达成创造业务价值的目标。

1.2　数据资产的特征

　　数据资产是指组织内部或外部收集、生成、购买的各种数据资源，包括结构化数据、半结构化数据和非结构化数据等。数据资产蕴含着组织的业务信息、客户洞察和市场趋势等关键信息，是组织用于决策与创新的重要资源。有效管理和合理利用数据资产，可以帮助组织发现商机、降低风险、提升竞争力。理解数据资产的特征，能有效规划和实施数据治理策略，从而促进数据治理工作的顺利开展，确保数据资产的有效管理及合理利用。

1.2.1　通用资产的特征

　　数据作为一种有价值的资产，它的管理和利用对企业的业务决策及发展具有重要的意义。企业应该重视数据资产的价值，并通过有效的数据管理来创造数据的商业价值，构建面向未来数智化时代的竞争优势。

　　数据作为通用资产具有以下特征。

- 价值：数据可以被有效管理和使用，能够创造商业价值，甚至可以在符合法规要求的前提下直接交易变现。
- 可度量性：数据可以被度量和评估，以便用于管理及决策。

- 可替代性：数据可以被替换或代替其他资产。例如，数据可以代替实物资产，如图书馆的纸质图书可以被电子书替代，从而提高存储效率和使用效率。

- 持续性：数据具有持续性，可以被保存和利用多次。例如，历史数据可以用来预测未来趋势，为业务决策提供重要的参考依据。

1.2.2 数据的保鲜期

过期的食物不建议食用，因为食用过期的食物带来的风险要大于其本身的价值。

过期的数据同样可能会沦为数据垃圾，持有成本很高，却难以创造商业价值。

数据的保鲜期是指数据能够保持有效性和可用性的期限，会因数据类型、存储方式、数据质量及数据用途等因素而不同。数据的保鲜期是一个相对的数值，需要根据具体业务场景进行评估和管理。

对于某些静态数据，如合同、图纸、档案、司法记录等，其保鲜期可以非常长，甚至可以被放入区块链中进行永久保存。这些数据往往以文本或图片等形式存储在硬盘或存储云中，只要存储介质的保存时间足够长，这些数据就可以一直被访问和使用。

而对于某些动态数据，如传感器数据、日志等，其保鲜期则会相对较短。这些数据需要实时收集和处理，并及时转化为有价值的信息。这些数据如果存储的时间太久，很可能就会变成一堆没用的数据垃圾。

数据的保鲜期还与数据质量密切相关。如果数据质量不好，存在大量错误或冗余信息，其保鲜期就会相应缩短。数据清洗过程中会用到交叉比对的数据，存储时间太久的历史数据进行清洗会更困难，价值也低。

1.2.3　数据可能是负资产

数据作为数字化时代的重要资产，被默认为是有价值的。但是，如果数据的持有成本超过使用价值，且数据质量低、未被充分利用，存在法律法规风险、面临丢失或泄露等问题，则数据也可能被视为负资产。举例如下。

- 数据质量低：数据存在大量错误或冗余信息，需要付出很高的成本来清理和处理数据，甚至处理过程的成本投入有可能超过数据带来的价值。

- 数据未被充分利用：有些企业虽然会收集大量数据，但是由于缺乏分析和应用，数据的价值未能充分发挥。虽然消耗了收集、存储、运维成本，却无法通过数据消费来获得价值。

- 数据存在法律法规风险：如果企业收集、使用、分享的数据违反了法律法规，则可能面临罚款、诉讼等风险，这会导致数据成为负资产。

- 数据丢失或泄露：数据管理不当、备份不足、网络攻击等问题导致部分数据丢失或泄露，这样的数据也会成为负资产，因为企业要付出额外的成本来恢复数据或解决后续问题。

企业必须持续关注数据的获取成本、持有成本与数据价值之间的关系，最大化地释放数据的价值，防止数据成为负资产。

1.2.4　数据资产的特殊性

数据作为一种特殊的资产，具有许多独特的资产属性。企业需要考虑数据资产的特殊性，并制定相应的数据管理和利用策略，以充分发挥数据的商业价值，构建自身的竞争优势。数据作为一种资产，其特殊性主要表现在以下几方面。

- 非物质性：数据不是物理实体，而是以数字形式存在的信息，可以被电子设备存储和处理。

- 可复制性：数据可以进行无限复制。复制后的数据副本与原始数据相同，并且可以被同时使用和共享。

- 蕴含价值的不确定性：数据蕴含潜在的价值，但是这种价值是不确定的。数据的价值不仅取决于其本身的质量与完整性，还取决于如何处理和利用。

- 知识性：数据不仅是一种信息资源，还具有知识性。通过对数据的分析，可以发掘出隐藏在数据中的知识，为企业做出决策提供更好的支持。

- 不易评估性：与其他资产相比，数据的价值往往较难评估。数据的价值取决于其在特定环境下的作用，需要综合考虑多种因素。

- 容易遗失和泄露：由于数据是以数字形式存在的，很容易被遗失和泄露，因此必须采取相应的措施进行数据保护及安全管理。

- 不可耗尽性：与物质资产不同，数据是不会耗尽的。即使数据被使用和复制多次，其本身也不会消耗或减少。

- 可扩展性：数据可以被不断扩展和更新，以适应不同的需求及应用场景。例如，随着新数据源的不断增加，数据的价值和应用场景也在不断扩展。

1.3　数据之"痛"，"痛"在哪里

自古以来，知易行难。

虽然许多企业意识到做好数据治理这件事很重要，但真正地制定完善的规范制度、规划好数据治理体系架构，并诚心诚意、脚踏实地去把数据治理这件事情做好并落到实处的确很难。

每一家企业都希望把数据治理好。但是，如果对企业的数据治理能力成熟度进行评估，那么多数企业都存在问题。例如，有些企业搭建了商业智能系统，深入交流之后可能会发现该系统实际上仅仅被用作简单呈现信息的报表工具。该系统搭配了炫目的智慧大屏，实际上获取到的数据因统计口径不一致而无法准确反映业务的实际情况，无法根据统计的图表去层层下钻、拨云见日，探查异常指标出现的根本性原因，更别谈持续性、系统性、自动化地改善数据质量，以及智能化地对经营数据发展趋势进行预测。

数据之痛主要集中在数据应用、数据孤岛、数据质量、数据隐私和安全，以及数据管理与治理等多方面。企业只有采取措施来解决和避免这些问题，才能实现数据的价值与应用效果。

- 数据应用：在数据应用过程中，会遇到技术不足、展现方式不合理、数据指标模型的统计口径与实际业务脱节等问题。这会导致数据应用效果不佳或无法达到预期的效果。

- 数据孤岛：不同部门、系统或组织之间建设了 ERP 系统、CRM 系统、PLM（Product Lifecycle Management，产品生命周期管理）系统、DMS（Dealer Management System，经销商管理系统）等众多业务系统，这些业务系统之间的数据信息孤立，导致数据分析和应用困难、低效。例如，由于存在数据孤岛，企业无法准确、及时地进行产销协同。

- 数据质量：数据质量会影响数据的准确性、完整性和一致性等。如果数据质量不高，则将影响数据分析和应用的可靠性与准确性。例如，在医疗领域，医学图像的数据质量不高，可能会导致误诊和治疗错误。

- 数据隐私和安全：在使用或处理不当的情况下，企业的数据可能会出现泄露、被窃取或滥用等问题，致使企业的声誉受损。
- 数据管理与治理：来自多元异构系统的数据如果没有经过标准化过程，则会存在冗余、重复、丢失或不一致等诸多问题，严重影响数据应用的效率和准确性。

1.3.1　找不到关键数据

各种业务系统越建越多，存储的数据也越来越多，分析问题时依赖的关键数据却找不到，或者找到一大堆数据，却无法准确判定是不是所需的数据。业务系统建设了很多，都是不同厂商的产品，各个产品间数据标准不统一，数据业务规则定义模糊，业务属性不明确。

案例 1：某公司的人力资源部门想要降低员工的离职率，计划制定更有针对性的员工留存策略，但是无法找到员工的离职原因。这是因为员工的离职原因未在 HR（Human Resource，人力资源）系统的员工离职记录中进行填写，HR 部门之前没有制定这方面的标准流程。

分析：在这种情况下，数据治理可以包括制定标准的员工离职流程，以及确保员工的离职原因在 HR 系统中得到准确记录，并在 HR 系统的员工档案中留存下来。

案例 2：某医疗器械公司开发的一种新型手术器械投入了大量的研发资金和市场推广费用，该公司与多家医院签订了合作协议，并在各地进行了大规模的推广活动。在推广活动结束后，该公司预计将获得数千万元的收益。

然而，在产品推广的过程中，该公司发现无法及时获取销售数据，从而无法确定产品的销售情况和市场需求。该公司的销售部门和市场部门分别收集了部分销售数据及市场反馈信息,但是这些数据并不完整,也不准确,无法支持该公司的决策。由于缺乏完整的销售数据,该公司的财务部门无法进行精确的成本和收益核算,产品的销售额远低于预期收益。因此,该公司不得不取消了产品开发计划,进行资产减值和人员裁撤。最终,该公司不仅遭受了巨大的经济损失,还要承担自身形象受损的后果。

分析:如果企业无法及时获取关键数据,无法快速掌握市场情况和产品需求,就难以进行有效的决策与规划。这不仅会影响企业的收益和市场竞争力,还会影响企业的声誉与形象。

1.3.2 数据质量差

当你手上戴着两块手表时,你便无法知道精确的时间。

当一个数据在两个不同的系统同时存在时,你便无法知道数据的准确描述。

之所以会产生数据质量差的问题,是因为数据在准确性、一致性、即时性、可用性和完整性等多个方面存在问题。有可能原始数据在从业务场景中获取之时就不够规范,出现数据缺失、重复、损坏等问题;也有可能在进入数据库之后,数据在流转过程中由于技术设计不佳等原因出现不稳定。比如,没有做好分布式事务强一致性功能等来保证数据的稳定同步传输质量。

案例 1:某电子商务公司的客户服务中心发现,客户提供的电话号码经常无法拨通,导致客户无法及时获得支持。客户服务中心的数据分析师经过调查,发现这是由于客户提供的电话号码不准确或不完整而导致的。

分析:客户服务中心开展数据治理活动来解决数据质量问题。数据治理包括制定数据输入的标准流程，如验证电话号码是否符合标准格式，并通过自动化的技术手段获得客户注册账号时填写的电话号码。此外，数据治理还可以包括参考其他数据来源对已存储的电话号码进行清理和修复，以保证数据的一致性及准确性。

案例 2：某大型银行设计了一个自动化风险评估模型，该模型能够自动分析客户的征信情况，并为客户计算相应的贷款利率和额度。该模型基于该银行过去的贷款数据和客户信息而开发。然而，该银行在推广过程中发现，该模型的准确率和稳定性并未达到预期，存在大量误判及漏判的情况。该银行在调查和分析后发现，该模型的训练数据存在较大的质量问题。该银行在过去的几年中，存在客户数据中部分行为属性数据缺失、错误等问题，导致数据标签无法完整和准确地反映客户的风险情况及信用评级。

分析：该银行的数据质量太差，无法反映客户的真实情况和需求，导致业务决策和规划不准确，进而造成商业损失。在这种情况下，该银行应重视数据质量管理，建立完善的数据采集、处理和管理系统，提高数据的准确性及完整性。同时，该银行还应当加强对数据质量的监控和分析，及时发现并解决问题，以免对业务造成影响。

如图 1-1 所示，产生数据质量问题的原因有很多，包括组织问题、管理问题、技术问题、系统问题、业务问题等。

解决数据质量问题必须深入探究质量问题产生的根本原因，并制定行之有效的解决方案，这需要投入很多的精力和成本。实践中考虑采用二八法则，即 80%的数据质量问题可能是由 20%的原因导致的，优先针对这 20%会带来质量问题的因素设计解决方案，这样就能事半功倍地快速改进。

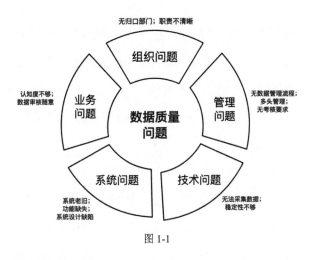

图 1-1

1.3.3　分析手段旧

案例 1：某大型上市食品生产企业拥有多个生产车间和多个销售渠道，会产生大量的数据，包括原材料采购、生产进度、产品库存、销售订单、配送信息等。为了保证生产与销售的协同运作，该企业需要对这些数据进行分析和监控，以及时发现问题并改进方案。

由于该企业之前没有建立完善的产销协同系统，导致生产和销售数据分散在 ERP 系统、CRM 系统、MES（Manufacturing Execution System，制造执行系统）、WMS（Warehouse Management System，仓库管理系统）等各个独立的业务系统中，无法实现数据的自动化整合及分析。

为了解决这个问题，该企业采用手工作业的方式进行数据分析和处理。生产计划制订人员需要从各个系统中逐一导出数据，并进行人工比对和整合，最终生成报表及分析结果。由于数据量巨大，生产计划制订人员需要花费大量的时间和精力来完成数据整合工作，以致生产计划无法及时响应销量预测的变化，从而导致生产和销售的协同效率很低。这种方式耗时耗力，容易出错。

由于数据分析不及时、不准确，生产车间的生产计划和库存管理无法及时响应销售渠道的需求，当 KA（Key Account，关键）客户的销售订单发生变化时，该企业无法及时通知到下游的采购、生产等各个环节。最终，该企业的库存积压和热销产品因缺货而不能及时配送的问题同时存在，使销售额及利润率受到很大影响。

分析：在消费品行业的产销协同过程中，如果数据分散、数据质量低、数据分析效率低，就会导致供应链全链路协同效率低下，从而降低企业的利润。该企业应加强数字化建设，建立完善的数据采集、处理和管理系统，提高数据的准确性及完整性，以便支持产销协同与业务决策。同时，该企业还应当提高数据分析的自动化和智能化程度，以及提高数据分析的效率与精度，为生产及销售提供及时、准确的数据支持。

案例 2：某保险公司的数据分析师需要分析理赔数据，以更好地了解事故类型、赔偿金额等信息。他们发现在不同的部门和系统之间存在数据不一致的问题。例如，同一个事故在不同的系统中被分到不同的事故类型中，人工进行事故类型数据的映射匹配费时费力。

分析：在这种情况下，该保险公司需要进行数据治理来解决数据分类的一致性和准确性的问题，以确保多系统之间所有的事故和赔偿数据都符合数据分类标准。此外，数据治理还应该包括清理和修复已经存在的历史数据。数据治理可以帮助数据分析师更准确地分析事故和赔偿数据，这有助于其更好地了解事故类型和赔偿金额等信息，以便制定更好的保险产品及风险管理策略。

1.3.4 分析效率低

案例 1：某零售公司分析销售数据，以了解哪些产品在哪些时间段和地区销售得最好。然而，该公司发现销售数据质量差，存在客户主数据重复、关键信息缺失、错误的数据格式等问题，这使其在处理和分析数据时效率低下。

分析：在这种情况下，该公司开展数据治理可采用的手段包括数据清理和去重、纠正错误的数据格式、填充缺失的数据等，以确保数据的一致性与完整性。这样可以帮助该公司更快速地分析销售数据、制定更合理的库存管理策略、优化产品定价和促销方案，从而提高销售收入及利润。此外，更高质量的数据还有助于该公司更好地预测市场需求和趋势。

案例 2：某保险公司拥有大量的客户数据，包括保单信息、理赔信息、客户反馈信息等。这些数据散落在不同的系统和文件中，有些数据还存在错误或不完整的情况。为了加快数据清洗和整理的速度，该公司初期采用了 ETL（Extract-Transform-Load，数据仓库技术）工具作业方式，数据分析人员依赖技术开发人员来完成复杂 SQL（Structured Query Language，语句结构化查询语言）语句编写，并需要花费大量的时间和精力来进行数据提取、清洗及整理。由于数据量巨大，这种方式的效率极低，数据分析人员不得不加班加点，而且容易出现错误和遗漏。这些问题导致该公司无法及时发现风险和机会，影响了业务决策的准确性与时效性。

分析：数据分散、数据质量低和数据分析效率低会影响业务决策的准确性与时效性。遇到这种情况，企业需要考虑进行数据治理，建立更加智能的数据清洗和整理的自动化流程、更为完善的数据分析指标体系，提高数据分析效率，更好地支持业务决策及风险控制。

1.3.5　数据杂乱

案例：某跨国企业的多个分部门之间存在大量数据交互和共享的现象，

导致数据非常杂乱。各个部门使用不同的数据源、格式、标准和术语，货币单位、分类方式、SKU（Stock Keeping Unit，存货单位）编码、SKU 计量单位等不一致，这使得难以对数据进行整合。

分析：在这种情况下，该企业应开展数据治理来解决数据混乱的问题。数据治理任务包括规范和统一数据源、格式、标准和业务术语，以便核心数据被正确理解，也易于被整合。

1.3.6 响应业务变化慢

案例 1：某电子商务公司的高层希望业务部门能快速响应市场和消费者的需求变化，以保证竞争力与业绩的持续增长。然而，该公司没有实时数据仓库，采用的数据分析办法是从业务交易数据库中直接通过 SQL 语句拼接数据来生成报表。但数据量大时，这种方法的效率低到让人无法忍受。业务部门的决策过程不能及时获得数据的支持，多数时候仅能凭借经验、直觉来决策。

分析：在这种情况下，该公司有必要进行数据治理，以提高数据基础设施的灵活性和适应性。数据治理可以包括重构技术底层架构、更新数据管理系统、建立更强大的数据分析平台等，以便该公司快速地分析和利用数据。

案例 2：某零售公司使用 Excel 软件来分析销售数据，包括销售额、销售量、利润率等。每个月月底，数据分析人员需要先从多个系统中导出数据，然后在 Excel 软件中手动整合数据进行分析。由于数据量大、复杂度高，这个过程非常耗时，数据分析人员需要花费两周的时间才能完成。此外，该公司的业务规则经常发生变化，包括产品分类、促销活动、销售渠道等。每次规则发生变化，数据分析人员都需要在 Excel 软件中手动更改公式和图表，以保证数据分析的准确性与时效性。这种手工方式不仅效率低，而且容易出现错误，影响业务决策和风险控制的效果。

分析：在数据量大、复杂度高和业务规则变化频繁的情况下，手工分析 Excel 数据的效率低、错误率高，无法及时满足业务需求。$T+1$ 模式的传统数据仓库在业务部门需要快速响应的业务场景中存在明显的局限性，可以考虑引入实时数据仓库。

案例 3：某金融服务公司在监管机构发布新的业务管理规则和法规时需要迅速适应，以避免因不符合规定而面临罚款。

分析：在这种情况下，该公司应该考虑建立更强大的数据分析平台，以便能快速地分析和利用数据。通过具备强大的分析能力，该公司可以更快地掌握新规则对其业务的影响，识别潜在的风险和机会，并迅速采取相应的措施。

案例 4：某快消品企业为了确保市场份额的增长，营销部门不断推出新的促销活动。但该企业只有快速了解市场反应，才能及时地调整促销政策。该企业在促销过程中需要获得全渠道会员数据，同时要能够得到参与促销活动门店的经营数据，供应链要有合理的备货，物流配送环节也应当具备有针对性的快速响应能力。

分析：这种贯穿多个业务系统、端到端的全链路处理和分析能力的优化，往往需要企业进行数据治理，让标准化的数据在整个系统中高效地流转，提升系统整体的弹性响应能力，支持业务活动的灵活变化。

1.3.7　非结构化数据的信息密度低

非结构化数据指的是以文本、图像、音频、视频等形式存在的数据。与结构化数据相比，非结构化数据通常不遵循固定的格式和模式，难以直接被计算机程序理解与处理。这种数据的信息密度相对较低，需要进行特定的数据治理。非结构化数据往往需要经过关键信息提取、标注、清洗、归类和转换等处理，才能被有效地利用及分析。

例如，对于一份文本文件而言，其中包含大量的无用信息和垃圾数据，如格式不规范的信息、重复内容、错别字等，这些都会降低数据的信息密度和可用性。因此，我们需要进行文本摘要、清洗、去重、分词和词频统计等操作，这样才能得到有效的数据集，供后续数据分析及挖掘使用。

此外，非结构化数据的多样性和不确定性也会增加数据治理的难度。例如，在图像和视频数据中，不同的颜色、光照、角度和噪声等因素都会对数据产生影响，需要进行特定的处理才能提取出有效的信息。

1.4　数据治理，治理什么

数据治理依据不同数据的特性，通过规范化的管理手段来持续提升数据质量、释放数据价值。常见的数据类型如表 1-1 所示，可以分为元数据、参考数据、主数据、事务型数据、分析型数据。

表 1-1　常见的数据类型

数据类型	说明
元数据	数据库结构、表、字段、接口用途描述等
参考数据	元数据取值范围
主数据	企业经营主体对象、通用型数据，如客户、供应商、产品、人员、科目等
事务型数据	运营过程中产生的业务数据
分析型数据	报表、BI 分析数据、指标数据

企业在不同的数字化发展阶段，进行数据治理的主要关注点会发生变化。企业数据治理项目关注点大体上集中在质量、时效、消费、安全、成本等方面，如图 1-2 所示。

- 质量：改善数据质量是企业进行数据治理的基础性要求，主要在于改进数据的稳定性、准确性、完备性、唯一性、一致性、有效性等。
- 时效：数据产生的时效问题，影响了后续所有数据处理的及时性和数据价值。比如，在营销返利的场景中，企业每天都会计算营收情况，产生各个交易方的返利数据。如果数据产生不及时，则可能无法达到预期的激励效果。
- 消费：数据要容易被查询，并且能够被理解。另一个比较重要的方面是数据可复用，复用可以放大数据价值。
- 安全：数据权限的管理、敏感数据的分级处理与应用应满足各种数据政策和法规的要求。
- 成本：在数据的生产、处理及价值挖掘等环节相对完善之后，围绕数据体系的总体成本进行优化，将会是企业的重点考虑方向。

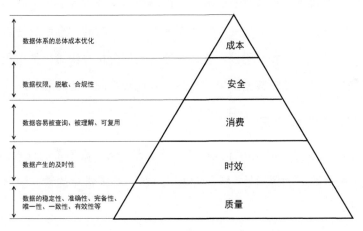

图 1-2

1.4.1　改善数据质量

案例：某公司的客户信息存在多种问题，如姓名拼写错误、地址缺失、电话号码的格式不统一等。这些问题如果不及时加以处理，就会导致数据不准确、重复和不完整。

分析：通常，引发数据质量问题的原因是多方面的，如下所述。

- 原始数据本身不完整，执行操作不规范。
- 数据提取技术不稳定，管理职责不明确。
- 数据处理过程中出现错误，数据标准没有被执行。
- 内部数据不统一，外部数据有缺失。

1.4.2 优化数据时效

案例：某零售企业面临市场竞争和消费者需求变化等挑战，需要及时获取并分析消费者行为数据以支持决策。

分析：该企业可以进行数据治理以提升数据的时效性，其中包括对数据源、格式和质量进行规范化及标准化，以减少数据获取和清理的时间与工作量。此外，该企业还可以建立实时数据流管道和实时数据仓库等技术架构，以提高数据的及时性和准确性，支持快速的数据分析与决策；使用更智能化的数据采集工具，缩短数据同步的时间，实现数据同步故障的自动化解决。

1.4.3 提升数据消费

数据只有被有效地使用才能产生业务价值。从数据消费的场景出发，以终为始，增强数据的可用性，赋能业务，这是一种很常见的数据治理项目的开展方式。

在营销、研发、供应链、质量、财务等业务领域，企业可以利用数据挖掘分析来优化自身的决策能力，如图 1-3 所示。

案例：某在线教育平台启动了客户体验改善计划，让教师和学生能够自主地查询与分析教学数据，以支持教学及学习决策。

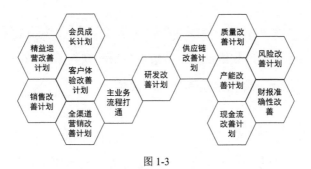

图 1-3

分析：该教育平台可进行数据治理以实现数据的自助消费，其中包括建立自助式数据查询和分析工具。

1.4.4　贯彻数据标准

案例：某电商平台的商品分类存在多种问题。比如，有的分类使用中文，有的分类使用英文；有的分类命名方式不规范；有的分类过于精细或过于宽泛等。这些问题如果不加以处理，就会导致商品分类混乱、搜索结果不准确。该公司为了解决分类命名不规范的问题，建立了统一的数据标准。选择一种主要语言作为所有分类的基础，所有分类名称都遵循同一套明确的命名规则。制定分类标准，保证每个类别既不过于细致也不过于泛化。同时，该公司利用数据字典工具来维护分类标准，并开发自动化工具来检测和纠正不符合标准的分类。

1.4.5　降低持有成本

案例：某制造业公司面临经济下行和市场竞争压力，需要降低 IT 运维总体成本。

分析：该公司的数据治理包括优化数据存储和管理方式，完善数据的备份机制，使用更适合业务需求的存储技术和方法，减少数据存储和管理成本。该公司可在 IT 基础架构中引入容器化、虚拟化技术，从而更好地共享硬件资源；采用数据归档、压缩和删除等方式，减少数据存储和维护成本。同时，该公司还可通过数据治理改善数据备份和恢复策略，在确保数据安全和可用性的前提下，降低数据持有总体成本。

1.4.6 完善治理组织

假如人人都对数据质量负责，反而会出现"三不管地带"。因为人人负责实质等同于人人都不负责，真正出现问题后肯定会出现相互推诿、"甩锅"的情况。

数据治理体系的建设过程包括数据治理组织机构的资源、流程、权责的明确，即清晰地界定出来"谁有数据的拥有权，谁有数据的使用权，谁有数据的管理权"等。出现数据问题如果不知道该找谁，必然导致许多质量问题得不到解决。在数据治理项目的执行过程中，企业应建立良好的组织保障机制，推动项目的各项工作得到落实。

1.5 本章小结

随着科技的进步，智能社会的发展势不可当，企业也将从数字化进一步发展到数智化。数据治理的重要性在于确保数据的质量、安全、一致性和可信度，为智能化的数据分析与决策提供基础性的高质量数据保障，支持数据消费场景深度和广度的拓展，确保企业数据的价值得到最大化体现，助力企业在竞争激烈的市场中立于不败之地。同时，了解数据痛点问题及数据资产特征，有助于企业更好地了解和管理数据资产，从而降低数据相关风险、提高数据价值、增强竞争力，并在数据治理的实践中不断探索与创新，积极迎接数智化时代的挑战和机遇。

第 2 章

敏捷数据治理方法论

物竞天择，适者生存。

自然界如此，企业界亦如此。

在激烈的竞争环境中，只有适应环境才能长存。

当前我们正处于乌卡（VUCA）时代[①]，市场竞争日益激烈。同时，以 ChatGPT[②]为代表的 AIGC[③]相关新技术的变革也带来了新的可能性。真正不变的，唯有变化。

想在这个快速变化的环境中生存和获得成功，企业需要具备快速响应

---

① 乌卡（VUCA）时代：指易变（Volatility）、不确定（Uncertainty）、复杂（Complexity）和模糊（Ambiguity）的时代。

② ChatGPT（Chat Generative Pre-trained Transformer）：这是 OpenAI 研发的一款聊天机器人程序。

③ AIGC（Artificial Intelligence Generated Content）：这是一种新的人工智能技术，即人工智能生成内容。

市场和业务环境变化的能力，与之配套的 IT 架构必须增强适应能力并能够根据需要而演化、升级，通过模块化、灵活性和可扩展性来支持业务的快速变化与创新。伴随着技术的不断进步和演进，新的技术及解决方案不断涌现，IT 架构也应当保持与技术发展的同步升级。

在乌卡时代，传统的大而全的数据治理方法显得笨重和不够灵活，难以适应快速变化的需求，敏捷数据治理方法的重要性日益凸显。敏捷数据治理方法强调快速响应和持续改进，以实现更高效、更灵活和可持续改善的数据治理方案为目标。

2.1　什么是敏捷数据治理

敏捷数据治理是一种基于敏捷开发理念和原则的灵活、高效、可迭代的数据治理方法论；强调从业务价值出发，快速响应和适应变化，重视数据使用者的参与和反馈；核心目标是通过建立灵活、可扩展和可持续的数据治理流程、管理制度及技术平台，来实现具备平滑迭代升级能力的数据治理架构，逐步释放数据的业务价值。

敏捷数据治理的主要优势在于提高数据治理的效率和效果，在整体项目推进的过程中更容易做到上下一心，多部门明确目标后彼此高效协同；强调快速反应与变革，使得数据治理流程能够更加灵活和适应变化。同时，通过在治理流程中集成自动化工具支持，将管控标准固化到软件规则中自动执行，减少人为错误和重复性工作，使数据治理流程更加可持续。

敏捷数据治理重点是在事前、事中、事后 3 个阶段构建数据治理策略。事前，定义和建立数据标准，进行数据标准的宣贯与培训，培养企业数据文化。事中，基于数据标准开展数据校验、贯彻既定流程和制度的执行。事后，进行连续的自动化数据质量检测、持续的数据问题修复和业务流程改进等。

回归常识，饭要一口一口地吃，路要一步一步地走。企业在采用敏捷数据治理时不应贪大求全、追求尽善尽美，而要在整体有序规划的大框架下，尽快地行动起来，发现问题并进行动态完善；立足于当下的现实，达成每个阶段的交付目标，在一个较短的周期内创造易于感知的业务价值，促进数据治理体系的可持续生长。

敏捷数据治理的特点和优势可以概括如下。

- 灵活性：快速响应业务需求和变化，通过多次迭代及持续改进的方式，不断调整、优化数据治理流程与方法，适应不断变化的业务环境和数据需求。

- 效率：采用高效、可迭代的工作方式，通过快速实施、测试和反馈来识别、解决数据治理中存在的问题及挑战，提高数据治理的效率和质量。

- 可视化：通过数据治理工具和平台，将数据治理的工作流程、数据质量、数据价值等方面的信息直观地展示出来，方便企业高层、业务部门的人员直观地了解工作执行成果，使其更愿意支持数据治理工作。

- 协作性：通过有效的团队协作和沟通，实现数据治理的协同工作及共同目标，提高数据治理的效率和质量。

- 持续改进：通过不断地总结数据治理工作中的经验及反思数据治理工作中的教训，不断改进、优化数据治理流程与方法，实现数据驱动的业务创新和发展。

敏捷数据治理并非随意性地进行治理。实践中存在着救火式的数据治理方式。例如，"脚踩西瓜皮，干到哪里算哪里"的方式与敏捷数据治理有很大的区别，前者是一种片面的、不成熟的方式。

数据治理是一项需要严谨计划和统筹安排的任务，企业必须进行全面的规划与评估，以确保数据治理的有效性及可持续性。如果前期没有进行全面的规划与评估，那么企业在实施数据治理过程中会遇到各种问题，导致后续的治理阶段无法继承和衔接之前治理阶段的工作成果。尤其在技术架构和相关工具的选型方面，可能会被迫推倒重来，造成时间和成本方面的大量浪费。

敏捷数据治理必须具有一定的灵活性和适应性，以应对不断变化的业务需求与技术环境。在整体规划的基础上，企业应采用灵活的方法并使用合适的工具，以实现敏捷数据治理的目标与价值。企业进行敏捷数据治理需要在整体规划的严谨性和执行过程的灵活性之间寻找平衡，充分考虑多方面因素，以保证数据治理的分阶段成果的快速见效性和可持续性。

2.1.1　统计报表的局限性

常规统计报表通常将基础数据汇总之后，采用简单的运算方法得出特定结果。这种报表缺乏实时性和交互性，难以满足辅助决策的需求。

另外，常规统计报表还存在诸多缺陷。比如，常规统计报表只能提供简单的数据汇总和展示，缺少对数据的深度挖掘与分析。有些常规统计报表需要人工汇总和整理数据，一般需要一定的时间才能生成，很难及时反映内部的变化和趋势。而且，常规统计报表虽然可以展示大量的数据细节，但是呈现形式较为单一、可读性不强，对于数据的关系和趋势也难以直观地展示出来，很难让人快速理解和分析。

为了弥补常规统计报表的缺陷，人们设计出了 BI 报表。BI 报表能够采集和分析企业数据，并通过可视化手段向决策者提供决策支持，使企业利用数据挖掘和分析技术，从海量数据中发现隐藏的关系及规律，为企业决策提供更准确、更全面的信息支持。同时，BI 报表采用直观的图表和可交互的界面，让使用者更直观地理解与分析数据，快速了解数据的关系及趋势。BI 报表相对于传统报表具有更强的可读性和更深入的数据挖掘探索能力。

虽然 BI 报表相对于传统的统计报表具有很多优势，但也存在一些缺陷，举例如下。

- 数据质量要求高：BI 报表的数据源需要有一定的质量保证，否则数据的准确性和可靠性下降将影响企业决策。

- 实现成本较高：使用 BI 报表需要在数据采集、数据清洗、数据挖掘及报表设计等方面投入一定的人力和物力成本，这对于中小企业来说存在一定难度。

- 使用门槛较高：使用 BI 报表需要具备一定的技术和分析能力，因为这种报表存在一定的使用门槛，需要进行培训与指导。

- 数据集限制：使用 BI 报表通常只能处理有限的数据集。如果数据集非常大或涉及多个系统、应用程序，BI 报表可能无法展示全部数据。对于大数据集的报表，数据处理时间会很长，会导致报表呈现的延迟。

- 对业务的理解：使用者需要深入了解业务知识才能正确地对 BI 报表进行分析和解释。如果没有足够的业务理解能力，则可能会导致错误的结论和不准确的决策。

除 BI 报表外，自助式数据分析也是一种新型的数据分析方式，其主要特点是允许用户自主进行数据分析和报表设计，以满足不同的业务需求。自助式数据分析的优势在于能提供强大的数据分析工具，能够高度自由地快速生成灵活多样的报表，大大提高数据分析效率。通常，自助式数据分析工具的界面和功能设计较为简单、易用，即使分析人员不具备高深的技术和极强的分析能力，也可以通过简单操作进行数据分析。

自助式数据分析也存在以下缺陷。

- 数据指标体系建设困难：为了能够快速生成展示结果，复合型指标一般都需要进行预先建模和计算，企业必须投入较多的精力来建设数据指标体系。而且，数据仓库运用的"空间换时间"原则会增加数据的存储成本。

- 数据质量控制困难：自助式数据分析需要由使用者自行进行数据分析和报表设计，如果企业缺乏统一的数据质量控制程序，则低质量的数据会干扰分析的结果。

- 数据隐私问题：自助式数据分析过程会将企业的数据更大限度地开放给用户使用，容易导致数据泄露和隐私泄露等安全问题。虽然这可以通过精细化的权限控制来解决，但会增加维护操作过程的复杂度。

企业通过自助式数据分析可以快速进行数据分析，但是其结果是在业务发生后才分析得到的，缺乏趋势预测和预警能力。数据服务的能力并没有嵌入业务活动的过程，作为一种基础的服务能力集成在业务流程中，先验式地提升业务流程的质量和效率。

在很多新的应用场景中，数据开放服务的能力非常重要。比如，电商网站需要在用户浏览商品时，根据用户画像推算其购物兴趣点，给出相关度较高的商品推荐，刺激每个用户的购买意愿。

2.1.2　非数字原生企业的转型挑战

什么是非数字原生企业？

非数字原生企业是指成立较早、采用传统经营方式、相对落后、没有深入应用数字技术进行管理和运营的企业。这些企业依赖传统的人工操作和手动流程来完成业务活动，没有完全利用互联网、移动互联网及其他数字技术来提高效率、创新产品与服务。与数字原生企业相比，非数字原生企业面临着许多挑战，如员工的数字化技能不足、缺乏数字化基础设施和工具、缺乏数字化文化及思维方式等。非数字原生企业需要花费更多的时间和精力来适应数字化转型，以便与市场上更具竞争力的企业保持同步。非数字原生企业正在逐渐认识到数字化转型的重要性，并积极采取措施来加速数字化转型的进程，以适应市场的发展和变化。

对于非数字原生企业来说，进行数字化转型面临以下挑战。

- 技术基础设施薄弱：非数字原生企业进行数字化转型需要升级或更换其技术基础设施，以便支持新技术和工具。这涉及大量的时间和资金投入，决策过程比较复杂。

- 数据和信息管理：非数字原生企业进行数字化转型需要对大量数据进行收集、存储和管理。非数字原生企业的员工缺乏相应的数据和信息管理经验，必须进行培训与学习。员工需要具备新的知识和技能，如数据思维、数据分析能力。

- 与传统业务的冲突：非数字原生企业进行数字化转型会与传统业务产生冲突，如新技术和工具的采用会对其现有业务模式及流程产生影响，要进行一定的调整与改变。

- 组织架构和业务流程的重新设计：非数字原生企业进行数字化转型

需要适应新的技术和工具，对组织架构及业务流程进行重新设计，要花费大量的时间与精力。非数字原生企业要进行一定程度的变革，包括改变组织结构、流程、工作方式，以及员工的角色和职责等方面。变革的过程就是一场利益变动的过程，会遇到很多阻力。

- 安全和隐私问题：数字化转型涉及大量敏感数据和信息的处理，非数字原生企业要投入更多的资源和精力来确保数据与信息的安全性及隐私性。

2.1.3　常见数据治理框架的局限性

1．应急式数据治理

应急式数据治理是指在数据出现问题时才采取措施，"头痛医头，脚痛医脚"，没有系统性的方案和工作机制来避免类似问题的再次发生。仅仅依赖应急式数据治理不足以保证数据质量长期得到改善，为了应急，企业需要快速采取行动，采用见效快的办法来解决问题。这种办法很难由表及里地进行深度溯源，多数是进行补丁式的手动修复数据。由于文档缺失和操作过程的随意性，时间长了会导致积重难返。

2．大而全数据治理

对标顶级企业，好大喜功、贪大求全的 IT 建设方案总是在很多时候广受欢迎。在由外部 IT 技术服务商推荐的方案中，很容易看到数据中台、大数据平台、数据湖这些新技术。数据治理领域中同样存在着许多"面子工程"，脱离业务实际，落地过程中困难重重，项目验收主要靠降低客户期望、强行验收。

一步到位、大而全的数据治理框架通常包括数据标准、数据质量、数据采集、数据加工、数据存储、数据分析、数据共享、数据探索、数据安全等多个方面。"别人有的我全有，也许用不上，但是先买了准没错，以后也许会用得着。"尽管这样的框架看起来非常完善，但实际上在执行过程中存在许多困难，举例如下。

- 见效慢：同样是几个月的时间，修一座小别墅可能已经可以入住了，但用来盖一座摩天大楼，也许只是挖了一个大大的坑，连地基都不一定能打好。大而全的框架牵涉面很广，想要见到业务方面的效果，需要经过一段漫长的时间。在一些大型企业，仅一个主数据系统的落地就可能需要好几个月，一个大而全的数据治理框架要见到效果，也许需要好几年。现实往往是项目一期实施完毕，如果没能获得预期的效果，就会被内部评价为"劳民伤财"，直接被喊停。

- 太过笨重：大而全的数据治理框架庞大而复杂，需要投入大量的资源和精力来实现与维护，成本高昂。这会导致企业在实施过程遇到重重困难。这种框架在后续的运维过程中也会要求有很高的资源投入，否则很难高效地运行和升级。

- 不灵活：大而全的数据治理框架如果没有经过很好的模块化设计，就没有弹性升级的能力。那么框架中的各个组件集成方式就会过于死板，难以适应不同类型、不同规模和不同业务需求的数据，最终导致数据无法被完全利用。

- 难以升级：由于大而全的数据治理框架在前期的投入大、期望高，后续的升级优化资源投入就会不足，难以跟上技术和业务的快速变化。随着数据技术和业务需求的发展，旧的数据治理框架的核心功能模块变得过时或无法满足新的要求，这时就需要重构整个框架。

- 安全风险：因为大而全的数据治理框架中包含了大量的组件功能，所以会产生大量的敏感信息和数据，具有更大的被攻击面。只要框架中的某一个组件遭受攻击或出现漏洞，就会影响整个框架的安全。

2.1.4　数据标准化面临的困难

数据标准化是确保数据在不同系统、平台和应用程序之间的一致性及互操作性的过程。尽管数据标准化具有许多优点，如提高数据质量、降低成本和增加数据价值，但也面临着一些挑战与困难，如下所述。

- 多样性和复杂性：数据环境中存在着多种不同类型、格式及来源的数据，因此企业要想实现数据标准化需要接受数据的多样性和复杂性的现实，需要花费大量时间与精力来理解、处理数据。

- 数据质量问题：企业在实现数据标准化的过程中需要清理、验证和规范数据。然而，数据源可能存在数据质量问题，如缺失、重复、不一致和错误等，导致企业在实现数据标准化过程中面临困难。

- 组织变革和文化：企业要想实现数据标准化需要对组织的业务流程进行优化，要引入新的数据管理策略和工具。这依赖于企业的高度重视和支持，否则，企业在实现数据标准化的过程中会面临抵制和拖延。尤其是在数据标准建立之后，如果没有尽快地产生业务价值，就很容易成为一纸空文并被束之高阁。

- 标准化成本和效益：数据标准化需要企业花费大量的人力、时间和资源来完成。企业需要评估标准化过程的成本和效益，以确保数据标准化的投资能够带来足够的回报。数据标准化要想贯穿业务全流程，离不开管理、监督、反馈等各方面的配合，这样会产生很高的成本。

2.1.5　数据治理的常见误区

数据治理是一项复杂的任务，涉及许多方面，包括制度规范制定、数据质量、数据安全等。在企业实施数据治理的过程中，常常会出现一些误区，导致数据治理失败或效果不佳。以下是数据治理的常见误区。

- 业务需求重视度不够：企业在进行数据治理时应满足业务需求和业务战略目标。在制订数据治理计划和策略时，企业必须优先考虑业务场景中的应用效果。忽视业务需求会导致数据治理落地过程无法得到广泛的支持，费力不讨好。

- 纯技术驱动：企业在数据治理过程中通常要用到一些自动化软件工具，这常常会被认为主要是 IT 部门的事情。数据治理应该是业务驱动的，而不是技术驱动的。技术应该服务于业务需求，而不是主导业务。在实际中，数据问题产生的原因往往是业务因素多过技术因素。例如，数据来源渠道多，责任不明确，同一数据在不同的业务系统有不同的表述；业务数据填报不规范或缺失，统计口径不一致；等等。很多表面上的技术问题，本质上是业务管理不规范造成的。

- 忽略数据质量归因分析：企业如果没有对造成数据质量问题的根本原因进行剖析并找到解决方案，就会导致数据问题反复出现。

- 缺乏沟通和培训：企业在进行数据治理时要争取组织内关键成员的理解和支持。缺乏沟通和培训会导致数据治理失败或效果不佳。

要做到知行合一总是困难的。行动没有很好地被执行，主要还是因为在认知层面没有真正地被理解透彻，行动的意愿和动力自然会不足。在数据治理项目开展初期，数据治理项目团队先花时间、精力与相关人员沟通清楚数据治理项目的相关内容，在认知层面先行达成一致是很有必要的。以下是一些常见的认知偏差。

- 对自身的基础和能力估计偏高，希望毕其功于一役，贪大求全。企业出于投资回报的考虑，倾向开展一个覆盖全业务和技术域、大而全、一步到位的数据治理项目，制定一个覆盖各个业务领域全场景、端到端的流程，从数据的产生到加工、应用、备份、销毁的整个生命周期希望都能管到，甚至将业务系统的改造配合工作也直接纳入数据治理的范围。过高的期望会放大资源不足的缺陷，数据治理项目团队在后期会陷入数据沼泽，项目范围失控。

- 认为数据治理主要就是花钱买软件产品，数据治理平台就是标准化的净水设备，脏数据从数据治理平台流过，就能流出干净的数据，数据治理包含的组织架构、制度、流程、实施监控、运维优化等其他的重要环节都被忽略了；没有真正围绕数据质量问题发生的根本原因来探讨长效的解决方案，反而更多考虑用技术手段来短期解决问题。比如，没有考虑建立一个由高层、技术、业务多角色组成的联合治理小组来推动数据治理项目的实施。

- 混淆数据标准和数据标准化。数据标准是规范的梳理和明确，而数据标准化是数据标准的落地，需要分情况实施。尤其对于正在使用的业务系统，标准的执行是一个需要分步骤去落地的过程。有些老系统或边缘业务系统，从投入产出比考虑，也许根本没必要纳入数据标准化的执行过程。

- 认为数据治理可以一劳永逸。数据治理体系在多方努力之下很辛苦地建立起来了，数据规范、数据校验规则也都落实到了专业的软件工具中，不仅发现了一大堆数据质量问题，还进行了修正。然而，运行一段时间之后，数据治理体系就逐渐"走样"了。时间一长，同样的数据质量问题又出现了。数据质量问责的闭环不知何时被打破，数据标准被束之高阁，管理制度形同虚设。

- 将数据治理视为一次性项目，开始时期望很高，希望通过一个项目的实施使数据质量得到突变式的改善。项目型的数据治理，好处是有着明确的短期目标，推进迅速。但是，单一的项目在结束之后没有后续的项目继续巩固之前的工作成果，仅能解决一时的数据问题，却没有很好的延续性，很难获得持续的数据价值。

- 业务部门配合进行了数据质量问题的清理，但没有将数据规则内置到业务流程中。企业虽然建立了数据标准但并没有花费更大的力气去进行数据贯标[①]，遗留系统不做数据改造和映射，新建系统也不参考数据标准，数据标准成为一纸空文。

2.2　敏捷数据治理的总体框架、执行要点及主要特性

传统数据治理往往是一个长期且复杂的过程，而且业务需求和数据环境在不断变化。采用敏捷数据治理思路，企业可以通过短期的迭代周期，快速获取业务反馈和数据质量情况，及时调整治理策略，持续改进数据治理工作。

敏捷数据治理是一种智能化、结构化的灵活的数据治理方法，注重快速响应业务需求、持续改进和价值交付。采用敏捷数据治理方法，有助于企业

---

① 数据贯标是指将数据标准应用于企业数据管理，帮助企业提高数据管理水平的一种过程。

解决传统数据治理过程中的痛点，提高数据治理的成功率和成效。该方法强调数据治理的阶段性目标对实现企业整体商业战略的推动作用，结合管理体系和业务流程优化的诉求，确定数据智能分析决策的可落地规划，完善配套的技术基础设施保障体系。

敏捷数据治理不是一种纯粹的方法论，它需要有合适的数据治理工具和技术来支持。采用敏捷数据治理方法，企业需要关注数据治理工具的选择及技术架构的设计，也应当将业务需求作为数据治理工作的核心，确保数据治理的工作与业务目标紧密相连。了解敏捷数据治理的总体框架，深入理解该方法实施过程中的执行要点及主要特性，有助于企业更好地把握敏捷数据治理的核心价值和优势。

2.2.1 敏捷数据治理的总体框架

敏捷数据治理是一种借鉴敏捷开发和敏捷管理思想的数据治理方法，其核心思路是在数据治理过程中注重快速响应变化、持续交付价值、紧密合作、迭代优化等敏捷特性。

通常来看，一家企业的数据治理如果没有外力干预，按照自然发展过程会有几个明显的阶段，如下所述。

（1）初级阶段，多数企业采用被动治理，也就是阶段性治理的模式，没有统筹考虑，主要基于单个问题进行治理，而且治理之后过一段时间要做重复治理。这个阶段以人治为主，即协调几个人完成某个具体任务，既没有体系规划，也没有组织保障。

（2）中级阶段，随着数据问题越来越多，企业会考虑进行主动治理，有长期的统筹规划，覆盖数据全生命周期，将数据治理过程中的经验流程化、标准化、系统化，长期解决数据问题。

（3）高级阶段，企业会围绕智能化数据治理的目标来开展工作，将经验、流程和标准做成自动化的控制策略，把策略设置到软件工具中，系统自动监控，并在发现数据问题时自动处理。

敏捷数据治理方法考虑的是在启动初期就引入一些智能化的手段，将核心管理制度、监控体系等软性保障机制融入数据治理相关软件工具的使用过程，形成一个完整的小型智能化数据管控链路闭环。不追求业务场景的面面俱到，而是像制作珍珠项链一样，先将核心的环节整体串联贯通，在见到业务成效后再连线成面，扩大战果。

敏捷数据治理需要建立一个灵活、开放的数据治理框架，使数据治理工作能够对齐企业的商业战略，适应业务流程和管理体系的优化与创新，同时满足持续交付、快速迭代等敏捷特性。图 2-1 所示为敏捷数据治理的 SMART 原则，即将数据治理工作与企业数字化转型整体战略目标的达成紧密结合起来，增强数据分析决策能力为企业效能改善提供动力，保证数据治理工作所产生的价值得到决策层和业务部门的认可。

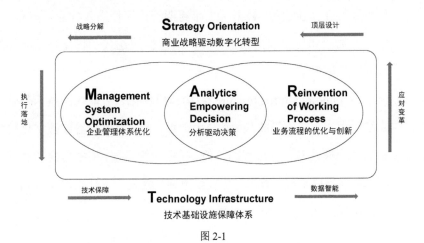

图 2-1

图 2-1 中敏捷数据治理的思想解释如下。

- "S"（Strategy Orientation）：解读企业长期业务战略目标，厘清数字化战略的整体规划，明晰转型路径；对齐业务战略和 IT 战略规划，以交付价值为驱动，将数据治理作为 IT 战略执行的一个重要环节来进行通盘考虑，推动数据治理技术分阶段演化。

- "M"（Management System Optimization）：完善企业数据治理组织体系、业务管理体系和数据治理流程体系，确保数据治理过程中有效的制度保障；明确数据治理组织的责、权、利，将其作为组织架构的一部分，常态化地运作。

- "A"（Analytics Empowering Decision）：重视数据思维，实践数据驱动管理决策改善过程；分析当前的现状和痛点，找到细分业务场景中技术平台与智能化程度更高的、可达成的数字化平台之间的差距，加速转型升级。

- "R"（Reinvention of Working Process）：进行业务流程优化与创新，将数据治理作业流程、数据全生命周期管控流程嵌入各业务流程，促进业务部门和技术部门紧密合作，通过快速迭代和优化带来持续的数据质量提升。

- "T"（Technology Infrastructure）：构建模块化、智能化的技术基础设施赋能中心，充分释放云原生、大数据、AI、容器化等新数字化技术在数据治理技术执行过程的价值；在数据智能层，根据自身的基础条件，融合数据采集、数据仓库、数据湖、微服务及数据治理等相关技术，实现技术创新赋能业务发展。

从宏观视角考虑企业数字化转型战略落地过程中战略、业务、制度、流程、IT 等多因素之间的相互关系。在整个支持战略落地的执行系统之中，找准数据治理的工作重点和工作范围并进行全局性规划。

企业重视迭代式的数据治理过程，在进行整体规划之后，各个迭代阶段不断优化数据治理工作。敏捷数据治理鼓励团队成员之间积极沟通、协作、共同完成数据治理工作，通过自我评估和持续改进，提高数据治理的质量和效率。图 2-2 所示为一个迭代阶段的主要内容，敏捷数据治理过程就是由很多类似的迭代阶段构成的。每个迭代阶段达成一个小目标，最终多个迭代阶段汇总达成一个大的整体性目标。

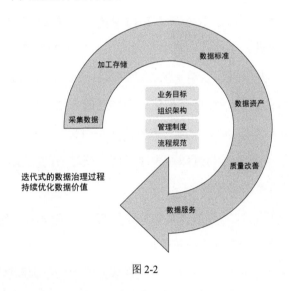

图 2-2

2.2.2　敏捷数据治理的执行要点

敏捷数据治理是传统数据治理方法论的变种，它吸收、借鉴了敏捷思想，既突出通过快速迭代和反馈来建立与改进各个阶段数据治理的落地策略，也蕴含着"统一规划、小步快跑、持续运营、闭环改善"等理念。敏捷数据治理的执行要点如下。

- 制定明确的目标和愿景：清晰的目标和愿景可以帮助企业更好地理解为什么需要进行数据治理，并且可以指导企业实施数据治理的方法与流程。

- 统一规划：整体的数据治理规划要适度超前，但不能脱离实际，看似高大上，实际假大空。同时，也不能故步自封，治标不治本地只考虑解决眼前的问题。企业应先结合业务目标和愿景来构建未来的数据治理全局性规划，然后拆解到各个阶段分期落地执行。对于系统之间的融合环节，也要充分考虑解耦与可拓展的问题。

- 小步快跑、持续迭代：敏捷数据治理是一个持续的过程，需要不断地迭代和改进。企业应该在数据治理流程中不断地观察执行过程的反馈信息，并根据反馈结果来改进数据治理的流程与方法。

- 制定闭环改善体系：应当构建一个详细的数据治理体系,涵盖从计划到落地全流程。计划阶段的内容应包括目标、方法、流程、资源和时间表等。企业必须持续跟踪系统落地实施之后的运行效果，引入长效运营的监督改善机制。

- 重视数据质量：数据质量是敏捷数据治理的核心。企业应该建立数据质量监控和反馈机制，并及时纠正数据质量问题。

- 建立数据治理文化：企业应该加强数据治理的培训和教育，让所有员工都明白数据治理的重要性，并且让数据思维成为企业的一种文化和价值观。

- 使用适当的工具和技术：通过软件工具产品来辅助组织更好地管理数据和实施数据治理，如数据采集、数据目录、数据质量工具、元数据管理工具等。

　　企业的决策和行动都是由人来执行的。人的决策、行动和贡献是在企业内做成一件事情的关键因素。因此，如何建设与数据治理相关的组织架构是开展数据治理项目要优先考虑解决的问题之一。为了有力地推动各项任务的开展，遇到困难时可以逢山开路、遇水搭桥，需要考虑由高层领导挂帅组建数据治理委员会。数据治理委员会负责确立数据治理愿景和目标。数据治理委员会将包含来自各部门或子公司的领导代表。这些高层管理人员应是数据治理计划的拥护者，以确保项目落地实施过程中可以在组织内获得支持。

　　数据治理组织架构中还应该包括数据治理执行团队。企业在组建数据治理执行团队时要考虑由哪个部门主导数据治理项目的牵头推进、人员应该怎样配置、各个数据治理角色的职责分别是什么。建议数据治理组织架构的搭建由业务部门主导、IT 部门执行，各个业务部门也要安排相应的对接人，协助 IT 部门将数据治理工作落地。另外，企业还可以建立相应的考核体系，以此来推动数据治理一系列标准、流程、管理规范的执行与落地。

　　数据治理组织架构存在以下 3 种常见的模式。

- 强力业务部门牵头。比如，财务部门、营销部门、供应链部门。在强力业务部门下设二级部门，由该部门负责数据需求管理、数据报送等工作。这种模式的推动力强，相关部门熟悉业务数据需要，与现有的部门职能保持一致。

- IT 部门牵头。IT 部门对元数据管理、数据技术架构、数据安全管理等技术性强的工作更熟悉，但对数据应用的理解一般来说没有业务部门清晰，在推动数据标准编制、标准落地、业务系统源头输入的数据质量改善方面较弱。

- 专职的数据部门牵头。成立专门的数据部门负责数据应用的工作，体现出对数据管理与应用的重视。这种模式的难点在于需要对现有的组织体系进行变革，专职人员的投入对成本要求更高，对人员的综合技能要求也高。

数据治理工作要想持续地开展，就要有持续的投入。项目实践中最大的困扰是管理层和业务部门会不断提出质疑："数据治理创造了多少价值？""数据治理过程中开展了哪些工作？""这些工作的投入产出比如何？""部门的 KPI（关键绩效指标）如何设定？"即便成立专职的数据治理组织机构也无法绕开这些问题，只要数据治理的工作没有创造直接的业务价值，那么基于技术导向开展的数据治理工作，无论是建设数据标准规范，还是开展数据资产盘点，都会被业务部门诟病，被认为是在做无用功。

2.2.3　敏捷数据治理的主要特性

敏捷数据治理具有灵活性、可持续性、协作性、业务价值导向性和降低风险等特性，可以帮助企业更快、更好地适应变化的数据环境，提高数据的质量和效率，取得更好的业务成果与实现更高的客户价值。

- 灵活性：敏捷数据治理注重快速反应和适应变化。企业可以根据实际情况进行调整和改进，以适应不断变化的业务需求及数据环境。

- 可持续性：敏捷数据治理强调持续改进和持续交付。企业可通过分阶段的迭代、反馈循环和自动化工具，不断提高数据质量和效率，保证持续的价值交付。

- 协作性：敏捷数据治理鼓励跨部门合作和交流，使得各个团队成员能够紧密协作，共同解决数据治理中的挑战。这种团队合作提高了治理流程的透明度和效率。

- 业务价值导向性：敏捷数据治理将业务价值创造放在首位，强调数据治理与业务价值的紧密结合；通过梳理业务目标和指标优化数据治

理流程及工具，提高数据的质量与可信度，从而推动企业取得更好的
业务成果。

- 降低风险：敏捷数据治理采用小规模的试点项目和快速迭代的方法
  来识别和解决潜在的风险。这种快速反馈机制可以帮助企业减少错
  误并及早发现潜在问题，降低风险。

敏捷数据治理方法论在整体规划方面强调"统一大平台 + 阶段小目标"，
即建设 PaaS 技术底座"统一大平台"与各个落地迭代阶段聚焦业务场景实现
"阶段小目标"两个方面。其优势是能够围绕创造业务价值的具体小目标开展
工作，相对快速地实现可评估的工作成效，同时用模块化的渐进式方式构建技
术基础支撑平台，避免企业在技术方面走弯路，造成大量返工和资源浪费。

2.3　确定目标、厘清现状

确定目标和厘清现状是敏捷数据治理的第一步，为整个数据治理项目
奠定坚实的基础，是项目成功的关键因素之一。

确定目标可以使企业更清楚地知道数据治理的方向，明确要达成的业
务价值和数据质量标准。这为企业后续的工作提供明确的指导，避免项目执
行过程中的盲目性和随意性。在项目立项前期，项目组必须与业务部门、利
益相关者进行充分沟通，了解各方的期望，设置合理的数据治理项目目标。
同时，项目组需要对企业的数据资产进行调研和评估，了解数据用途、数据
流向、管理制度、流程规范等方面的情况，发现数据治理的痛点和问题，确
定需要优先治理的数据领域。

千里之行，始于足下。数据现状是数据治理项目的出发点，而目标是需
要到达的终点。在开启一段旅程时，最先需要明确的就是"从哪里出发，去

往哪里"。在敏捷数据治理项目中，确定目标和厘清现状并不是孤立的两个点，而是有相互关联关系的。因为目标的确定需要建立在企业对现状的充分了解之上，而对现状的充分了解又是为了更好地明确目标和确定需要优先治理的数据领域。

从高业务价值的场景切入点开始进行数据治理，制订可以速赢的计划，快速取得成效，有利于数据治理项目获得高层和业务方的支持。通过对现状的调研，深入理解企业高层和业务部门的关注点，可以促使数据治理项目目标契合业务需求，使得数据治理项目后续各项工作的推进过程更为顺畅。

2.3.1　调研及评估

确定目标是实现高质量、高效和安全数据管理的关键。通过调研来厘清数据治理的目标，盘点数据现状、确立改进方向和预期效果，制订有效的实施计划。调研的目标如下。

- 了解数据治理现状：通过对企业内部的关键利益相关者进行调研、访谈，盘点当前数据应用的现实情况、问题和挑战，掌握企业内部的数据使用情况、数据治理工具和技术等。
- 确定数据治理目标和优先级：通过收集和分析数据，确定企业存在的数据问题与需求，综合考虑解决这些问题需要投入的成本、时间及能够产生的价值等多方面因素，确定所需解决问题清单中各项任务的优先级，制定具体、可衡量且可实现的目标，并制订工作分解计划。在实施数据治理过程中，企业应按照优先级来有效地分配资源和管理风险。
- 设置关键绩效指标：在确定目标之后，可以考虑定义关键绩效指标（KPI），以跟踪目标的实现情况。

确定数据治理目标和厘清数据现状是制订、实施成功的数据治理计划的关键步骤。在确定数据治理目标时，要考虑企业的业务战略目标，保证数据治理目标能够支持业务战略目标的实现。同时，还需要考虑目标达成的时间和可行性。另外，目标应该细化为可以定量衡量和监测的小目标。数据治理的目标包括以下内容。

- 提高数据的质量和准确性。
- 加强数据安全防护。
- 提高数据的可用性和可访问性。
- 优化数据管理流程和减少数据管理成本。
- 促进数据的共享。

在评估数据现状时，要了解企业存在的数据类型、数据源、数据质量、数据规模、数据管理流程、数据集成方式、数据存储和数据安全性等方面的信息，如下所述。

- 盘点企业所有的数据源，了解其用途、数据格式、数据规模和数据质量等信息。
- 核实数据的所有权和访问权限。
- 评估数据的可用性和可访问性。
- 评估数据管理流程，包括收集、存储、处理和分发等方面。
- 掌握目前数据治理相关工具的使用情况。
- 评估数据的安全和防护措施。

多数企业内部缺少有经验的数据治理专业人才，可以考虑引入专业的外部数据治理咨询服务团队，针对核心业务领域开展一个小范围的数据治理咨询灯塔项目。企业可以通过这个示范性的项目，来厘清企业数据现状和问题，快速吸收外部咨询公司的经验来沉淀本企业内部的数据治理体系。数据治理体系建设方面的工作需要很多的实践经验，这类工作具有阶段性特征，并不适合内部培养或招聘长期的全职数据体系建设方面的资深顾问。在实践中，多数企业会与外部数据治理咨询团队进行合作。而具体的项目落地方面的技术性工作，可以由企业安排内部团队来执行。

2.3.2 如何获得高层管理者的支持

数据治理是一项长期而复杂的工作，涉及业务流程、组织建设、制度执行等各个方面。想要取得良好的工作成果，离不开高层管理者的持续关注。否则，数据治理项目团队没有话语权，在工作过程中势必会困难重重。跨部门协作的难点在于，每个业务部门都有自己的 KPI，凭什么要优先配合数据治理项目团队这边的工作要求？销售部门在抢单子，财务部门在忙着结算，仓库、物流部门在处理爆仓订单，即便偶有清闲的部门，也会表现出忙碌的样子。对于跨部门的协调会，大家都安排部门小助理出席，拖拖拉拉，议而不决，经常最终也协调不出什么结果。

获得高层管理者的支持对于数据治理项目的成功实施至关重要。各个阶段的数据治理计划要达到的成果必须事先规划清楚、明确化，以使高层管理者能从数据中看到更多的实际价值，持续改善管理效率。数据治理的标准规范文件再多，没有贯彻落实，也只是一纸空文。从某种意义上说，数据治理能否成功在很大程度上取决于主管领导者的认知、级别和权力。牵头的主管领导者不仅要对数据治理有一定的认知，还要具备相当的权威和影响力，能够做到跨部门的协调，最好他本人就是数据 Owner①部门的主管领导。

---

① 数据 Owner，是指对特定数据资产负有最终责任和管理权的个人或团队。这个责任涵盖数据的整体健康、安全、合规性，以及数据的正确使用。数据 Owner 通常会对数据资产的完整性、准确性、安全性、访问权限等方面负责，并确保这些数据符合相关法规和组织的政策标准。

通过业务参考案例与向高层领导汇报，寻求赞同和支持，以及突出数据治理的重要性，可以帮助数据治理项目获得高层管理者的支持，具体过程如下。

首先，探讨数据治理对于企业的价值。可以考虑通过一个强有力的业务侧的案例来阐述最终的数据治理价值。该案例的内容侧重点应该与企业的核心业务目标和战略目标相关联，并突出数据治理在提高企业的效率、降低成本、降低风险、提高客户满意度等方面的影响。该业务案例的汇报，还应考虑目标受众的专业背景和兴趣点，并使用有影响力的语言来阐述数据治理项目的重要性。

其次，与企业的高层管理者进行交流，让他们了解数据治理项目的目标和业务价值。在与高层管理者交流时，应该专注于他们最关心的问题，如高管驾驶舱、业务透明化、成本降低、管理会计分析、安全性和合规性等方面的问题。数据治理项目团队可以使用数据治理路线图来可视化数据治理计划，以便高层管理者更好地理解和支持该计划。

再次，需要在企业中寻求赞同和支持。数据治理项目团队应在企业高层中寻找赞同者和关键干系人作为项目的支持者及推广者，并邀请其参与数据治理项目的决策，结合他们的意见来制订数据治理计划。另外，企业还可以通过教育和培训来提高员工对数据治理的认识与支持。

最后，建立可持续的数据治理框架。该框架应确保数据治理计划的可执行性和可衡量性，并通过定期的数据治理报告和监督机制来评估其成效。在实施数据治理计划的过程中，数据治理项目团队采取一系列措施来保证计划的可行性，如优化数据管理流程、加强数据安全和保护、优化数据质量和准确性等。

高层管理者如果缺乏对数据治理成果的直观感知，则会难以感受到数据治理的作用。因此，在数据治理工作开展的过程中，数据治理项目团队要重视数据治理的可视化成果展示。数据治理项目团队既要努力干活、干出成果，也要让更多的阶段性的工作成果，以及他们为取得这些成果所做的努力被看到。举例如下。

- 展示之前制作统计报表平均使用的时间和现在制作统计报表的平均使用的时间的对比结果。
- 以折线图的方式展示数据质量问题逐月减少的良好态势。
- 统计建立的数据清洗规则数量，以及找出了多少条问题数据、清洗了多少类数据、处理了多少条问题数据，用不断更新的统计数字来表示。
- 用数据资产地图直观地展示管理的全部数据资产及其来源、主题，以及数据资产如何对外服务、被使用了多少次、使用的量有多少。
- 对于数据分析、报表等应用，如将之前的人工回溯方式和通过数据血缘管理定位问题数据产生的环节进行对比，计算出节省的时间和精力。统计出现数据问题而必须人工排查的月均次数，并呈现逐月变化的趋势。

2.3.3　如何获得业务部门的支持

试想一下，企业成立数据管理部门，而你担任了这个部门的负责人。数据治理在你的工作范围内，但这并不是业务部门的全部工作。从这个角度而言，在数据治理项目中不应抱怨别人不主动配合。想做好数据治理这份需要跨部门协作的综合性工作，积极主动地推进各项任务的开展也只能算是对你的岗位素质的基本要求。

数据治理盯着业务痛点，如果有可能，哪里问题最大，就考虑从哪里开始。从数据视角赋能业务改善、聚焦业务部门的数据需求、设定数据治理的目标、提供培训和支持，以及与业务部门密切合作，可以帮助数据治理项目获得业务部门的支持，并提高实施数据治理计划的成功率。

获得业务部门的支持的方法如下。

- 数据治理项目始终以业务需求为驱动。因此，在开始实施项目之前，数据治理项目团队需要与业务部门进行沟通，了解其数据需求，包括其如何使用数据、在哪些数据处理环节投入的时间最多、需要哪些数据，以及对数据的期望价值等。此外，数据治理项目团队应该与业务部门合作，确定数据治理计划对其具体的帮助和益处。

- 使业务部门明确数据治理计划的目标和价值。数据治理项目团队可以使用数据治理路线图来使数据治理计划可视化，将数据治理项目中各项任务的开展方式、关键里程碑节点和资源投入等问题都提前沟通清楚，建立信任。

- 使业务部门了解数据治理的重要性和流程。数据治理项目团队可以为业务部门提供培训，向其介绍数据治理的基本概念、流程和实践，以便业务部门理解在实施数据治理计划时其所需要提供的帮助和支持。

- 与业务部门密切合作。数据治理项目团队应主动邀请业务部门共同制订数据治理计划，并在整个实施过程中与业务部门保持沟通与合作；定期与业务部门分享数据治理项目的进展和结果，并在必要时调整数据治理计划，以更好地满足业务部门的需求。

数据治理是跨职能的，业务人员不太容易将业务规则与数据规则之间的转换关系梳理得很清楚，而技术人员同样不具备交付数据治理各类型任务的完整能力。实践中，数据治理因为涉及一些技术工具，容易过于突出 IT 技术岗位成员的作用。比如，让 IT 系统管理员直接对数据的质量负责。IT 系统是数据流通的管道，如果把 IT 系统管理员想象成水管修理工，那么要求水管修理工直接对水管中流动的自来水质量负责是否合适？

2.3.4　常见的数据治理切入点

　　精心选择合适的切入点开始数据治理项目，快速取得成效，才能一炮打响，在企业内部获得更多的信任和支持，为开展全面、系统性的数据治理奠定良好的基础。在数据治理项目实施初期，数据治理项目团队要尽量选择见效快、操作相对容易、业务场景聚焦、流程和管理规范成熟度高的切入点，最好在 3 个月之内就可以快速见到效果。

　　数据治理领域涉及的问题比较广泛，而且要应对的是不同的挑战，每个领域又都有特定的实施难点。如图 2-3 所示，在实践中，只有从业务影响程度、实施难易程度等多个维度进行综合权衡，才能找到相对合适的切入方案。

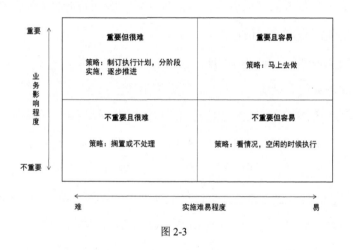

图 2-3

1．以主数据为核心的数据治理

　　主数据治理是数据治理的重要组成部分，关注的是组织中重要的、共享的、关键的数据实体，这些实体包括客户、供应商、产品、地点等。主数据治理项目的目标是通过规范化、标准化、控制和监督数据实体的创建、维护及使用，保证数据的质量、一致性、完整性和安全性。在实践中，优先开展主数据治理，取得效果后再推动全面的数据标准建设和数据质量管理是一个很好的思路。

　　通常，在主数据涵盖的数据范围中，数据类型不同，数据治理的难易程度也是有差别的。这种差别主要由业务实施难度和技术实现难度两个方面构成，影响着数据标准规范制定和数据标准执行的难易程度，如图 2-4 所示。值得注意的是，主数据的业务实施程度和技术实现难易程度在不同行业有显著差异，图 2-4 中 BOM（Bill of Materials，物料清单）、供应商、仓库、组织等主数据的业务实施难度和技术实现难度的相对位置仅供参考，不是绝对位置。例如，设备生产制造公司的 BOM 很复杂，而支架生产公司的 BOM 比较简单。某些零售分销行业的企业具有十分复杂的仓库网络结构，但是某一个具体的生产型企业的仓库结构可能会很简单。

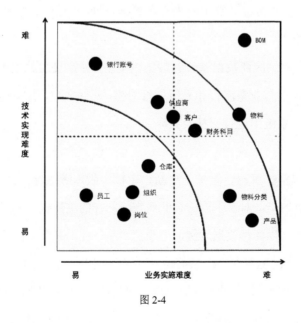

图 2-4

　　同样，开展主数据治理，也可以从更小的数据范围开始，逐步深入。例如，客户和供应商数据是主数据的重要组成部分，因此对这些数据进行治理可以为主数据治理的实施奠定良好的基础。从客户、供应商数据切入进行主数据治理，统一基础信息，更好地进行分级管理，逐步建立起全面、准确、可信的主数据体系，为管理和决策提供良好的数据基础。同时，这种方式也有利于将主数据治理逐步推广到更广阔的数据领域，实现全面的数据治理。具体而言，通常包括以下步骤。

- 在开始主数据治理之前，明确治理的目标和范围，包括确定要治理的数据类型、数据质量标准，以及实现目标等；对客户、供应商数据进行清洗和分类，包括对数据进行去重、纠错、规范化等处理，将数据按照标准分类，并识别出不符合要求的数据。

- 对清洗后的主数据进行质量评估和提升，可以通过数据质量检查工具、数据规范标准等手段来提高数据质量，从而保证主数据的准确性和完整性。

- 将客户、供应商数据整合到数据模型中，并定义主数据模型。将这些数据模型与业务流程和系统进行对接，确保客户、供应商主数据可以在不同系统中进行交换及共享。

- 对于主数据治理，需要制定治理规程，设立治理流程和标准，对主数据的收集、管理、维护、更新、审核、版本等进行规范化管理。

值得注意的是，对于不同的行业而言，同样的主数据，其复杂度的差异也是相当大的。以商品数据为例，电子消费品行业的某款商品可以拥有众多的配置项，不同的配置项价格也不同；服装行业中同一款式的商品有多个尺寸规格和颜色；而食品行业的商品有不同的包装规格、多样化的价格体系、特定的存储要求等。因此，主数据的标准要符合企业所在行业的特性，因需而定。

2. 以 BOM 为核心的数据治理

BOM 是制造业中一个重要的概念，它是指某款产品所需的所有零部件、原材料、标准件等清单。以 BOM 为核心的数据治理，就是以 BOM 为中心点，对涉及的数据进行全面、准确的管理和治理。以 BOM 为核心的数据治理通过建立统一的数据体系，确保数据的准确性、可追溯性和共享性，可以提高制造业的效率、降低成本、提高产品质量，在制造业中有着非常重要的作用。

以 BOM 为核心的数据治理有以下特点。

- 在制造业中，涉及的数据种类繁多，包括产品数据、物料数据、工艺数据等。以 BOM 为核心的数据治理可以将这些数据整合在一起，建立一套统一的数据体系，从而更加高效地管理这些数据。

- 因为 BOM 的准确性直接影响到产品质量和制造成本，所以在以 BOM 为核心的数据治理中，数据的准确性是非常重要的。企业要对数据进行全面、准确的验证和审查，以确保数据的可靠性和准确性。

- 产品的质量问题往往需要追溯到原材料和工艺等环节，而以 BOM 为核心的数据治理可以建立起完整的数据追溯体系，可以追溯到每个环节的数据，从而更好地定位问题和解决问题。

- 在制造业中，许多数据需要在不同的部门之间进行共享，如工艺部门、质量部门、生产部门等。而以 BOM 为核心的数据治理可以建立起统一的数据共享平台，方便各个部门之间的数据共享和协作。

值得注意的是，BOM 作为生产制造企业的核心数据来源，除需要考虑因本身而存在的设计 BOM、采购 BOM、生产 BOM、售后 BOM 等多套BOM 外，还需要考虑颜色件、替代料、虚拟件等多种因素的影响，因此要对其进行治理的难度还是很大的。

3. 优化原有 BI 报表能力、自助式查询

以优化原有 BI 报表能力为切入点进行数据治理是一种常见的做法。业务部门通常依赖于报表来分析数据，因此对 BI 报表进行优化可以为全面的数据治理的实施提供契机。具体而言，通常包括以下步骤。

- 在开始数据治理之前，数据治理项目团队需要与业务部门沟通，了解其报表需求和痛点。这包括确定需要优化的报表类型、数据质量问题、数据来源和数据集成问题等。

- 在确定业务部门的报表需求和痛点之后，需要对数据进行清洗和分类。这包括对数据进行去重、纠错、规范化等处理，将数据按照标准分类，并识别出不符合要求的数据。

- 对清洗和分类后的数据进行质量评估及提升。数据治理项目团队可以通过数据质量检查工具、数据规范标准等手段来提高数据质量，从而保证数据的准确性和完整性。

- 将需要优化的报表数据整合到数据模型中，定义数据模型，将这些数据模型与业务流程和系统进行对接，让数据可以在不同的系统中进行交换。

- 建立好数据模型后，需要对报表进行优化和规范化。这包括设计报表的业务分析逻辑，对报表的查询和计算逻辑进行优化，定义规范的报表格式和布局，优化报表的展示速度，制定报表管理规范和流程等。

4. 数据建模优化

通过数据建模可以促进数据分析，帮助企业识别数据分析所需的数据元素和属性，建立数据模型和数据架构，从而更好地进行数据分析及业务决

策。以数据建模优化为切入点来开展数据治理项目，有助于企业管理和利用
数据资源，实现数据的价值最大化。具体而言，通常包括以下步骤。

- 确定数据模型的目标和范围：明确要优化的数据模型、数据源、数据
  处理流程，以及涉及的业务部门和数据使用者等。

- 分析和评估现有的数据模型：在开始数据建模优化之前，需要对现有
  数据模型进行分析和评估，包括数据结构、元数据、数据质量等方面。
  识别和解决现有数据模型中存在的问题，并为优化提供参考。

- 制定数据建模优化方案：根据分析和评估的结果制定方案，包括新数
  据模型的设计、数据转换和集成流程、数据质量管控机制等。与业务
  部门和数据使用者合作，确保方案的可行性与实用性。

- 实施数据建模优化方案：进行详细的计划和测试，确保方案的有效性
  及稳定性。实施过程中还需要注意数据权限的设计。

- 监控和优化数据建模：实施数据建模优化方案后，要进行持续的监控和
  优化，包括数据质量的监控、数据模型的维护和更新、数据使用的监管
  等；建立相关的监控机制和流程，以确保数据的长期有效性与可靠性。

2.4　数据治理平台规划

数据治理平台是一个综合性的数据管理平台，涉及数据全生命周期的
管理和应用等方面，是企业内数据治理的重要基础设施。企业开展数据治理
平台规划需要先明确数据治理的目标和价值，再在明确数据治理目标和价
值的基础上框定数据治理平台的范围与要素，制定包括组织结构、流程、标
准、指南等在内的数据治理策略。

设计数据治理平台架构，还要考虑到平台的可扩展性、可维护性等因

素。企业选择的数据治理技术框架应该尽量与其现有 IT 技术架构相兼容，并具有适度的前瞻性。在实施数据治理平台的过程中需要关注数据治理的各个环节，确保实施过程能够按照预定的策略和架构进行。数据治理平台的实施并不是一次性的，而是需要持续地进行监控、评估和迭代改进，以确保数据治理平台能够持续地满足企业的需求。

通过数据治理任务分类矩阵，从业务价值、实施难易度等维度来评估各项数据治理任务的开展优先级和实施的深度。在规划数据治理平台时，企业应结合各个任务之间的依赖关系，确定不同阶段的任务范围。图 2-5 所示为一个从实施难易度、业务价值两个维度来构建的任务分类矩阵范例，业务价值高、实施容易的任务应该优先开展。

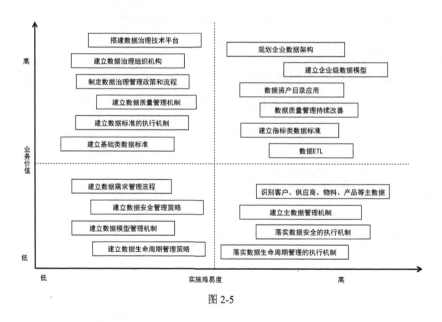

图 2-5

2.4.1　有效的数据治理计划

实际上，数据治理计划需要根据企业的具体情况进行个性化的设计和调整。有效的数据治理计划要保证数据管理和维护工作的规范化、标准化及可追溯，通常要考虑涵盖以下任务内容。

- 目标和范围：调研数据现状，厘清数据全生命周期管理过程中的痛点。确立数据治理计划的目标，涵盖的数据来源、数据类型、数据管理的范围和业务需求等。

- 数据治理组织和角色：建立数据治理委员会，明确数据负责人、数据管理员和数据使用者等，以确保数据治理职责的分工及执行。

- 技术和工具：选择与采用适当的技术和工具，如数据采集软件、数据管理软件、数据质量工具、数据安全技术等。

- 数据质量：制定数据质量标准和度量方法，保证数据的准确、完整、一致与及时，并采取措施防止数据错误及遗漏。

- 数据生命周期管理：制定数据生命周期管理策略，让数据在整个生命周期中得到合理的管理和维护，涵盖数据采集、存储、处理、分析、共享、发布、更新、归档及销毁等数据管理流程，确保流程标准化、规范化且可追溯。

- 数据安全和隐私：保障数据在采集、处理、存储和传输过程中的安全性和隐私性，包括数据访问控制、加密及安全审计等。

- 监控和评估：制定数据治理计划的监控和评估机制，检查计划的执行情况及效果，及时调整与优化数据治理计划。

在制订一个有效的数据治理计划时，数据治理项目团队需要综合考虑各个方面的问题，以使数据治理计划得到充分的执行和推广。常见的容易忽视的问题如下所述。

- 需求收集不充分：在制订数据治理计划之前，数据治理项目团队必须进行充分调研，以便全面了解业务部门对于数据的需求。如果需求收集不充分，则会导致数据治理计划无法满足企业的实际需求。值得注意的是，并不是所有需求都能够简单地通过与业务部门人员的沟通就可以直接获得，一些隐性的需求要通过引导式的提问才能挖掘出来。

- 缺乏管理流程标准化：制订数据治理计划需要考虑到数据的整个生命周期。如果这些流程没有标准化和规范化，那么数据管理混乱的问题必然会出现。
- 忽略数据治理的组织和角色：数据治理需要建立组织和角色，以明确数据管理职责的分工与执行。如果忽略这些组织和角色的建立，则数据治理计划将会缺乏推进及执行的动力。
- 缺乏数据质量管理和度量：如果缺乏数据质量管理和度量机制，则数据质量会下降，数据价值也无法得到有效的发挥。
- 忽略数据安全和隐私：数据安全和隐私是数据治理的重要方面，如果忽略这些问题，则可能导致数据泄露、数据丢失、用户隐私受到威胁等问题。
- 缺乏监控和评估机制：数据治理计划需要监控和评估机制，以便数据治理项目团队检查数据治理各项工作的执行情况及达到的效果，并及时调整与优化数据治理计划。如果缺乏监控和评估机制，则数据治理计划会无法得到持续的改进。

数据治理计划通常会根据数据治理规划来制订。数据治理规划是全局、战略层面的规划，会描绘出数据治理总体框架的建设路径。数据治理计划在数据治理规划的基础上，针对各个阶段特定的任务和目标，制定出具体的执行步骤、方法、时间表和责任人等。图 2-6 所示为按照 3 个阶段来规划的某企业的数据治理规划，工作任务的范围包括组织机制、治理能力和技术能力的升级等方面。

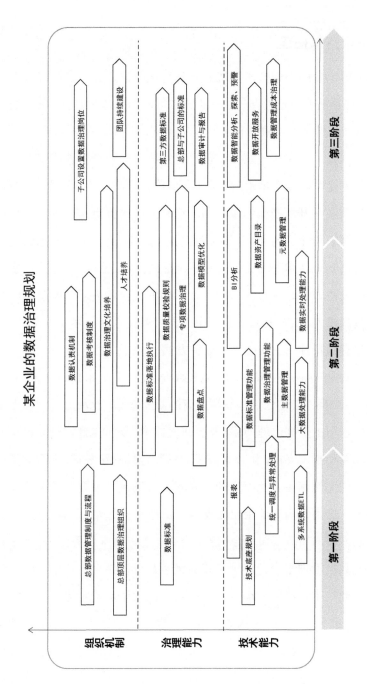

图 2-6

2.4.2 技术路径选择

数据治理平台的不同技术实现方案各有优缺点，企业应该综合考虑自身的需求，选择适合自己的路径。企业通常可以选择自主研发、采购商业产品或与乙方技术服务公司联合创新研发等不同的技术路径，主要区别如下。

- 自主研发：自主研发数据治理平台意味着企业会主要依赖自己的内部技术团队研发数据治理平台，会借鉴开源产品的设计思想，或者直接修改某些开源产品的源代码。这种方式的优点是可以满足企业特定的需求和业务场景，定制化程度高。此外，自主研发数据治理平台的数据安全性和隐私性可以更好地得到保障。然而，该方式需要较高的研发成本和时间投入，而且在后期的维护和更新方面也需要持续的资源投入。头部互联网大厂由于自身的技术团队规模较大，应用的场景有独特性，一般会采用这种方式。

- 采购商业产品：企业从市场上购买数据治理产品，如 IBM、Informatica、华为云、阿里云、亿信华辰等厂商的商业产品。这种方式的优点是可以快速用上数据治理产品，减少研发成本和时间；商业产品具有成熟的功能和技术支持，可以保证平台的稳定性和可靠性。但是，商业产品可能无法满足企业特定的需求和业务场景，需要进行二次开发与定制，这不仅增加了企业的成本，还带来了更大的风险。

- 与乙方技术服务公司联合创新：企业与乙方技术服务公司合作，共同研发数据治理平台。这种方式的优点是可以结合乙方技术服务公司的专业技术和经验，满足企业的数据治理平台定制化和快速实现的需求。此外，乙方技术服务公司可以提供技术支持和培训，帮助企业快速上手。但是，这种方式需要企业与乙方技术服务公司之间进行紧密协作和沟通，以确保平台的稳定性及可靠性。甲方企业需要有技术兜底的实力，以防合作关系破裂带来不可挽回的损失。

具体到数据治理技术各个主要环节的工具选择，同样应该参考企业的具体情况。企业应该考虑自身的实际情况和需要，包括预算、技术能力、业务需求、数据体量、主要技术栈等因素，并结合具体业务场景及现有团队的技能，以及具备的技术资产等进行选择。此外，技术路径的选择应该是一个渐进的过程，企业需要先确定最紧迫的问题，选择合适的技术路径解决，逐步实现全面的数据治理。一些可供参考的建议如下。

- 数据收集和整合：采用 ETL 工具进行数据的采集和整合，这些工具从多个异构数据源中收集和整合数据，并将其存储到数据仓库或数据湖中。此外，也可以考虑采用 API（Application Program Interface，应用程序接口）集成、消息队列、文件传输、数据库直接抓取数据同步等方式将数据从不同的系统中集成起来。

- 数据质量：数据质量工具可以自动检测和诊断数据质量问题，并通过规则、指标、分析报告及警告来帮助企业提高数据质量。企业可以引入开源或商业型数据质量管理工具。

- 主数据管理：主数据（MDM）工具可以统一管理不同系统中的主数据，如客户、供应商、产品等。同时，MDM 工具还可以帮助企业建立数据字典、数据分类、数据模型等。企业可以以某个核心系统（如 ERP）为主进行改造来管理主数据，或者采购独立的 MDM 产品。

- 数据可视化和报表：采用数据可视化和 BI 报表工具，如 Tableau、Power BI、FineBI、Superset 等，对数据进行可视化呈现，可以帮助企业更好地理解与分析数据。

- 数据治理平台：选购如 Collibra、Informatica、IBM、阿里云 DataWorks、

华为云 DataArts 等产品，将数据治理各项工作集中管理，从而实现全面、一致、可持续的数据治理。

2.4.3 组织保障体系

数据治理的组织保障体系建设是数据治理工作的重要组成部分。企业通过建立一套完整的数据治理组织架构和职责体系，为数据治理工作提供规范、持续、高效的支持和保障，确保企业数据的质量与可信度，保障数据治理工作能够得到有效的实施及持续改进。

建立数据治理组织保障体系的要点如下。

- 建立数据治理领导小组：由企业高层领导、各业务部门的代表及技术部门组成，负责制定数据治理策略和规划，以及监督数据治理工作的实施与改进。在大多数时候，企业在进行数据治理时需要引入外部的专业数据治理咨询服务合作伙伴，领导小组更多承担审核数据治理规划及在落地执行层面沟通、协同内部资源的责任。

- 设立数据治理部门：该部门负责具体的数据治理工作，包括数据管理、数据质量、数据安全、数据分类、数据可视化等。此外，企业还可以建立数据治理委员会，用来协调不同部门之间的数据治理工作，以保障数据治理的协调和一致性。

- 明确数据治理的责任：对于不同的部门和个人，应该明确其在数据治理中的具体职责。例如，业务部门负责提供数据需求和数据使用场景，数据管理部门负责维护数据字典和数据模型，数据质量部门负责数据质量评估和改进，IT 部门负责数据集成和技术支持等。

- 建立数据治理的流程与规范：数据治理工作的有效性和规范性需要通过流程与规范的建设来保障。例如，制定数据分类标准和数据命名规范,建立数据管理和数据质量评估的标准及流程,制定数据安全和隐私保护的措施及规范等。

- 培训和人才储备:企业应提供与数据治理相关的培训和教育课程,以增强员工的数据治理意识和技能。此外,企业还应该建立一支专业的数据治理项目团队,以确保数据治理工作的专业性和持续改进。

在建立数据治理组织保障体系时,人们容易忽略组织文化的问题。数据治理只有与组织文化相匹配才能得到有效的执行。例如,如果组织文化注重快速决策,而数据治理制度为了加强严格管理在执行流程中设置了很多的审批操作,那么这种冲突会妨碍数据治理的实施。在建立数据治理组织保障体系时,人们经常对于跨职能部门的团队合作的重要性和难度认识不足。数据治理涉及多个职能部门,需要建立跨职能部门的团队进行协同工作,这样才能推动数据治理工作的有序推进。

构建数据治理组织架构是非常重要的事情,需要慎重考虑。在开展数据治理工作的过程中,跨部门、跨组织边界的复杂沟通协同和冲突解决,常常需要有良好的问题解决机制和疑难问题上升通道。某些工作本身就处于边界模糊的地带,可以说在很多情况下,数据治理项目是否能够取得成功首先取决于企业一把手是否重视。

对于大型企业组织,可以考虑将数据治理组织设置为由决策层、管理层和执行层构成的三层体系。这样的组织分层架构能够促进数据治理工作的责、权、利分明。

决策层由企业的高层 Sponsor①、部门负责人等构成,其主要职责是制

---

① 高层 Sponsor,是指在企业管理层中担任主要角色,负责支持和推动数据治理项目、计划或倡议的高级领导人员、董事会成员或其他高级主管。

定数据治理的战略方向、批准数据治理的政策和框架，以及对数据治理的效果进行监督。此外，决策层还需要负责为数据治理提供必要的资源支持，如人力、财力和技术等。

管理层主要负责将决策层的策略和方向转化为具体的数据治理计划并实施。管理层包括数据治理负责人、数据治理专家及数据架构专家等。管理层负责协调和管理数据治理的各个环节，包括数据标准制定、数据质量管理、数据安全保护等。同时，管理层还需要对数据治理的效果进行监控，并向决策层进行报告。

执行层主要包括数据 Owner、数据代表、业务方 BA、大数据开发团队、BI 开发团队等，他们负责执行管理层制订的数据治理计划，包括数据清洗、数据分类分级、数据校验、数据报告等各种具体工作，如图 2-7 所示。

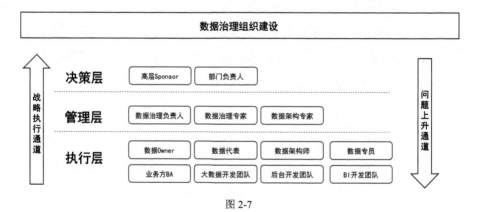

图 2-7

在选择数据 Owner 时，关键是要考虑数据的特点、使用场景和最直接的数据使用者。数据 Owner 应该是与数据紧密相关的团队或部门，能够理解数据的含义、价值和用途，并有责任确保数据的质量、准确性及合规性。举例如下。

- 客户订单数据：对于客户订单数据，应选择销售团队作为数据 Owner。销售团队在接触客户并处理订单时直接涉及这些数据，因此其最了解订单数据的细节、流程和变化。他们可以确保数据的准确性，及时解决任何问题，并与其他团队协调，确保订单处理的顺畅进行。

- 产品库存数据：对于产品库存数据，仓储和物流团队是合适的数据 Owner。这些团队直接管理库存，并负责入库、出库和库存调整等操作，了解库存流动的情况，能够确保库存数据的实时性和准确性，以支持供应链的正常运转。

- 员工数据：对于员工基本信息和员工绩效数据，可以选择 HR 部门担任数据 Owner；对于员工的联系方式和职业资质数据，可以选择员工本人作为数据 Owner，并在员工手册中要求其本人及时更新这些信息。

- 经销商数据：对于经销商数据，渠道管理团队是最合适的数据 Owner。渠道管理团队作为数据 Owner，可以确保数据的可靠性。对于经销商的证照等营业资质信息，如果在经销商与平台协同的情况下，则可以由经销商自己作为数据 Owner。系统会自动扫描即将过期的证照，并提醒经销商进行更新。

2.5　本章小结

在乌卡时代，企业面临着前所未有的挑战与机遇，数字化转型成为企业保持竞争优势和适应快速变化的必要举措。在这样的背景下，敏捷的思想对于企业的数字化转型至关重要。敏捷数据治理方法因其灵活性、可拓展性和持续性，能够适应快速变化的数据环境而备受青睐。该方法强调从数据治理现状出发，结合企业高层和业务部门的期望，明确业务价值创造过程中数据的应用场景，以终为始来规划数据治理平台，使敏捷数据治理更具操作性和可实施性。

深刻理解并灵活运用敏捷数据治理方法论需要从多个维度入手。首先，理解敏捷数据治理的核心原则，如对齐企业战略、紧跟业务需求、持续迭代优化、团队合作和快速响应变化等。其次，结合实际场景，理解数据治理项目在敏捷框架下的具体执行流程。再次，灵活运用方法论，注重项目的灵敏性和自适应性，根据实际情况调整计划与策略。同时，加强团队协作和沟通，促进业务部门与技术部门之间的密切合作，确保数据治理目标与业务目标的一致性。最后，不断总结项目经验，持续改进方法，逐步完善数据治理流程和模型，快速适应业务变化，提高治理效率及成果。

第二篇　平台建设与工具

第 3 章

敏捷数据治理平台的技术规划

敏捷数据治理平台的建设过程类似于高楼大厦的修建过程，而敏捷数据治理平台技术支撑底座就相当于大厦地基。对于大厦而言，地基是支撑整座建筑、使整座建筑稳固的基础，影响着大厦的高度、稳定性和持久性。同样，好的技术底座能够支撑起整个数据治理平台，使其能够处理海量数据、支持复杂的数据处理和分析，并确保平台的高可用与高性能。

敏捷数据治理平台作为支持数据治理活动的核心基础设施，其技术规划对于整个数据治理项目的成功实施和长期效益至关重要。合理的技术底座能够轻松地对来自不同数据源的数据进行整合和集成，消除数据孤岛，实现数据的全面利用及共享。

敏捷数据治理平台的技术规划需要明确合适的技术框架，包括数据存储、部署环境、数据备份机制、数据处理等方面的技术选型。合适的技术框架可以提高数据处理和分析的效率。

图 3-1 所示为在敏捷数据治理平台的建设过程中需要考虑的重要内容。本章主要围绕"技术底座支撑"这部分内容进行详细讨论，而"专题领域"

及"数据应用"的内容将在第 4 章中进行探讨。

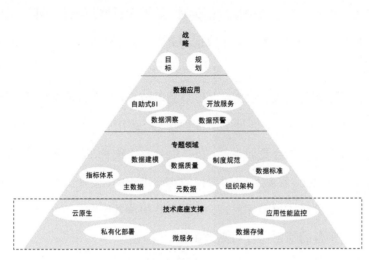

图 3-1

3.1　技术框架的总体思考

　　敏捷数据治理平台的技术框架是支撑整个数据治理项目的底层技术基础设施，在很大程度上影响着数据治理平台的稳定性、可拓展性、运行效率和运维成本。

　　敏捷数据治理平台要切合企业自身的需求。在项目初期，企业需要对自身的数据治理需求进行充分的调研和分析，了解业务部门的数据治理需求、数据存储情况及数据特性等，选择合适的技术框架，为数据治理项目的成功实施打下坚实的基础。

　　对于不同类型的数据，如结构化数据、半结构化数据和非结构化数据等，需要采用不同的存储和处理方式。数据处理的不同时效需求，如批量处理和实时处理，以及数据的不同存储方式，如传统数据库、分布式数据库、对象存储等，会带来不同的技术挑战，其相应的解决方案的技术栈也不同。企业在确定数据治理平台的技术框架时，要考虑数据的类型和规模，选择合适的数据存储与处理技术，确保数据的高效存储、快速访问，并对其提供安全保障。

随着云计算和微服务的兴起，传统的单节点、私有化部署的数据治理平台面临性能、扩展性和灵活性等方面的挑战。采用云原生和微服务架构，可以使敏捷数据治理平台更加灵活、可扩展且易于维护，有助于提高数据治理的效率和可持续性。在数据治理项目的实施过程中，企业必须对敏捷数据治理平台的性能进行监控和评估，及时发现并解决其潜在的性能问题，确保敏捷数据治理平台的稳定运行与高效工作。

企业应了解不同技术方案的特点及优/劣势，根据自身的需求，合理地选择技术组件，打造一个高效、高可用性及高度可拓展的技术框架，为数据治理相关技术工具提供良好的运行支撑环境。

3.1.1 彼之蜜糖，汝之砒霜

"彼之蜜糖，汝之砒霜"这句谚语的意思是，对于别人来说是甜蜜的东西，对于你来说也许是致命的毒药。同样地，适合其他企业的数据治理平台的技术框架不一定适合你的企业。企业所处的发展阶段不同，数字化的基础不同，业务和数据特点不同，高层期望不同，投入资源的决心也不尽相同。大企业和小企业在数据治理方面的需求与挑战往往不同。大企业往往更重视内部效率的提升，很看重合规性，重视数据隐私和安全，希望数据共享和开放过程是规范的、受控的。而小企业多希望花小钱办大事，对于如何应用数据快速拉升业务增长方面更为看重。

有些企业已经建立了强大的数据治理平台，并且独立的主数据系统、数据仓库、大数据平台、元数据管理产品、数据治理管理产品等一应俱全，而有些企业刚从头开始构建数据治理平台的技术框架。回归常识，想要达到好的数据治理效果，每家企业都应该根据自身的实际情况来选择合适的敏捷数据治理平台的技术框架。

通常来说，一个功能完备的敏捷数据治理平台的技术框架会包含主数据管理、元数据管理、数据标准管理、数据质量管理、数据资产管理等模块。这些模块可以独立部署，相互之间有一定的关联关系，根据需要分阶段运用部分模块。

图 3-2 所示为敏捷数据治理平台的技术框架的功能参考。实际应用中的敏捷数据治理平台的技术框架可能是其中功能的子集。比如，某些企业只实施了元数据管理、数据标准管理和数据质量管理的功能模块，而没有实施主数据管理、数据资产功能模块。在某些资料中，数据应用方面的能力有时也会被看作数据治理平台的技术框架中的一部分。

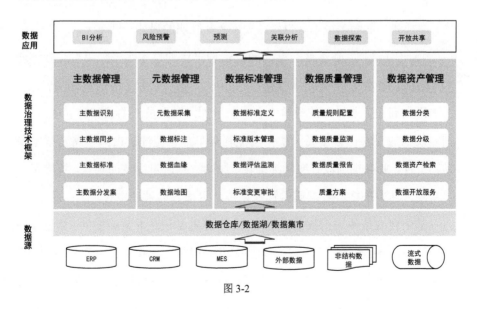

图 3-2

现实有时很荒诞。经常有一些大企业，耗费巨资购买大而全的数据治理平台，却没有用起来。这看起来是反常识的。一般说来，大企业的 CIO（Chief Information Officer，首席信息官）都是江湖上的"老法师"，经历过、听说过的事情多了，为什么会选择一些与企业规模及实际需求并不适配的超大型技术框架？

大而全的数据治理平台，最初会给人一种"高大上"的感觉，这样会显得技术决策者的格局比较高，在与同行交流时有一定的炫耀资本，也更容易给企业内部的兄弟部门留下一种思维开放、技术先进的印象，向上对高层或董事会的汇报也会更适配未来企业宏大的战略梦想。都是千年的"狐狸"，谁会傻乎乎地说企业未来发展也许并没有决策层描绘得那么美好，因此不需要建设像大而全的数据治理平台这种超前的技术支撑平台呢？况且，大而全的数据治理平台往往是由头部的技术服务商推荐的，本身就自带光环。至于真正干活时，层层转包项目、层层剥皮后，最终负责项目落地实施的技术团队只好在质量方面缩减成本，也就是大家心知肚明的另外一回事了。

"鞋子不合脚，必然跑不快。"数据治理平台的技术水平需要与业务管理水平适配。技术水平太低，就需要四处灭火，制约企业业务的快速发展；技术水平太高，企业投入的资源成本就会增加，对人员的要求和对管理流程、制度规范的要求也会变高。就像法拉利赛车跑在泥泞的山间小路上很容易抛锚一样，业务规则没有明确标准化、原始数据质量很差的企业，直接引进一套要求非常严格的数据质量管理系统，也很容易被迫中止。

基于自身条件进行数据治理是常识，尊重常识是非常必要的。尊重常识看似简单，不必依赖特殊的专业技术知识，但是在现实中并不容易做到。尊重常识，需要不带情绪、偏见地进行理性思考，从而做出客观的判断。身处企业的利益场中，管理者很多时候都是"屁股决定脑袋"，容易从部门的小需求出发，而非优先考虑企业的整体格局，因此企业管理层对常识的认知差异往往非常大。当这种认知差异投射到执行层面时，就会出现各自为政、自行其是的情况，导致沟通成本极高。

每家企业都有其独特的需求且面临着不同的挑战，没有一种通用的数据治理策略能够适用于所有情况。企业应通过了解自身条件，根据特定的数据需求和目标来开发最佳的数据治理策略。每家企业都有其独特的数据生态系统。一个成功的数据治理策略需要考虑这些独特的要素，并在此基础上进行制定。

每家企业面临的挑战涉及数据质量、数据安全、合规性、可扩展性和可操作性等多方面。别人的经验并不适用于所有情况。在 A 企业中有效的数据治理策略并不能完全保证在 B 企业中同样有效。尤其是 A 企业在数据治理方面投入的资金和时间，B 企业未必能够批准同等规模的预算。因此，实事求是、客观地看待企业的真实需求，以终为始、围绕数据的应用和消费来展开数据治理，才能促使企业探索出最合适的数据治理策略、获得良好的数据治理效果。

3.1.2　数据的处理与存储方式

企业在设计敏捷数据治理平台的技术框架时，有必要谨慎考虑数据的处理与存储方式。不同类型的数据需要采用不同的存储方式。例如，结构化数据可以用关系数据库存储，而非结构化数据可以用文本文件、多媒体文件或 NoSQL 数据库存储。

敏捷数据治理平台的技术框架要支持多种异构数据来源的集成，企业在设计敏捷数据治理平台的技术框架时就要考虑数据集成方式和数据传输协议,以保证数据能够有效地传输及存储。数据安全是非常重要的,特别是对于敏感数据。企业在设计敏捷数据治理平台的技术框架时,需要考虑如何进行数据保护,如进行加密和访问控制等。另外,企业在进行数据保护时还应考虑数据备份和灾难恢复策略,以保证在意外出现数据丢失或损坏的情况下能够快速恢复数据。

此外,数据清洗是敏捷数据治理平台的技术框架中非常重要的一部分。在设计敏捷数据治理平台的技术框架时,企业应当考虑如何清洗和验证数据,以保证数据的准确性与完整性。在清洗数据时,企业要考虑数据来源的可信度和数据质量,以及如何解决缺失或不一致的数据。与此同时,企业必须考虑数据存储的可伸缩性和性能,以确保敏捷数据治理平台的技术框架能够支持大量数据的存储与处理。另外,数据存储的成本和安全性也是不可忽略的因素。这些决策会直接影响数据的质量、安全性和可靠性。而且,因为此类技术处于敏捷数据治理平台的技术框架中比较底层的位置,变动起来非常麻烦,所以企业在开始规划的阶段就要多花精力,尽可能地一次性设计到位。

数据处理和存储领域有很多技术术语,相互之间存在着关联关系。其中,数据 ETL 是关键步骤,数据仓库、实时数据仓库及数据集市都是存储与管理数据的解决方案,而大数据和数据湖则是用于处理及存储大规模、多样化的数据集合的技术。

与数据处理和存储有关的一些重要术语如下。

- 数据 ETL 是指将数据从源系统中提取出来,经过清洗和转换后加载到目标系统中的过程。ETL 包含提取(Extract)、转换(Transform)、

加载（Load）3 个阶段。ETL 是数据仓库获取数据的基础。数据 ETL
是实现数据集市、数据仓库、数据湖等数据存储和管理解决方案的基
础性步骤。

- 数据仓库（Data Warehouse）是一种面向主题的、集成的、历史的数
  据存储解决方案，用于支持企业的决策制定。数据仓库通常经由数据
  ETL 过程获得外部数据，采用空间换时间的分层结构，具备高性能
  的数据查询和多维度分析能力。数据仓库一般存储结构化数据，能够
  提供完整、一致、准确、可靠的数据，支持快速查询和分析。数据仓
  库一般包括数据贴源层、明细层、访问层和数据应用层。

- 实时数据仓库（Real-time Data Warehouse）是一种与传统数据仓库相
  比更加实时的解决方案，能够提供更快的数据处理和决策制定服务。
  实时数据仓库通常采用流数据处理技术，可以实时处理数据流并将
  其转换成业务价值。实时数据仓库相较于传统数据仓库的优势是能
  够快速响应数据的变化，提供更加及时的数据分析和决策。传统数据
  仓库多采用 T+1 方式更新数据，而实时数据仓库对于指标数据的计
  算，能够实现秒级或毫秒级的响应。

- 大数据（Big Data）是指数据量巨大、复杂多样的数据集合，传统数
  据处理方法无法胜任。企业通常需要使用分布式计算技术和大数据
  处理框架对大数据进行处理、存储和分析。大数据技术包括 Hadoop、
  Spark、Flink 等。

- 数据湖（Data Lake）是一种基于云计算和分布式存储技术的数据存
  储与管理解决方案，用于存储大量原始数据及未经处理的数据。数据
  湖可以存储结构化、半结构化和非结构化数据。数据湖中的数据不需

要进行预处理或事先进行结构化，可以随时进行分析和挖掘。与传统数据仓库不同，数据湖通常采用 Schema-on-Read（读时模式）的方式进行数据管理，不会事先对 Schema[①]做过多的定义，而在使用的时候才去决定 Schema，其支持的上游应用更丰富、更灵活。

- 数据集市（Data Mart）是一种面向业务部门的数据仓库，专门存储业务数据和分析数据，以支持特定的业务需求或部门需求。数据集市通常采用简化的架构和数据模型，支持快速的数据访问及查询。数据集市通常包含特定的数据子集，以便更快地访问和查询数据。

在实际应用中，这些产品通常是相互关联和交互使用的。例如，数据 ETL 是数据仓库和实时数据仓库执行工作的前置步骤，用于将数据从各个数据源整合到数据仓库和实时数据仓库。数据湖可以作为数据仓库和实时数据仓库的数据来源之一，而数据集市则可以基于数据仓库和实时数据仓库提供更易于使用与理解的数据接口。大数据技术通常用于处理数据 ETL 过程、数据湖和实时数据仓库中的海量数据。因此，这些产品之间的关系是相互依存的，它们共同构成了一个完整的数据处理和分析生态系统。

3.1.3　数据库、数据仓库与数据中台

数据库、数据仓库和数据中台是数据管理领域中的 3 个重要概念，在一定程度上可以看作数据管理的 3 个不同层次，它们之间存在一定的关联。

- 关系数据库和 NoSQL 数据库都是应用程序能够访问的数据集合，用

---

① Schema：数据湖中的"Schema"通常指的是数据的组织、格式和结构定义。在传统的数据库系统中，Schema 通常是预先定义好的，包括了数据表的结构、数据类型、关系等信息。

于存储与组织数据，支持对数据的快速访问。数据库通常用于事务性应用程序，这些应用程序需要快速地存储、检索和更新数据。数据库包括表、字段、索引和关系等组成部分，常用的数据库有 MySQL、Oracle、SQL Server、MongoDB 等。

- 数据仓库用于存储、组织和分析大量历史数据的集合。数据仓库是面向主题的、集成的、时间可变的、非易失性的数据集合，支持管理者的业务决策，用于了解业务趋势和模式，有助于管理者更好地预测未来。数据仓库中的数据来自多个数据源，经过了清洗、转换、集成和存储等过程，便于使用者从众多维度进行快速分析。数据仓库的常见应用场景包括商业智能、数据分析等。

- 数据中台是可扩展、可重用的数据架构，旨在使数据能够更容易地共享和集成。数据中台是一个数据中枢平台，用于解决数据分散、重复计算、数据格式不一致等问题。数据中台可以帮助企业对内部和外部的数据进行整合，形成一张全局视图，以便于数据共享。同时，数据中台还支持数据集成、数据处理和数据服务等功能。数据中台常常是云原生的，基于微服务架构实现。

数据库、数据仓库和数据中台之间的联系在于它们都涉及数据的存储与管理。数据库和数据仓库都是数据存储的不同形式，而数据中台是一种更高级别的灵活数据架构，用于集成和管理来自不同系统与应用程序的数据。

数据中台可以将数据仓库作为其数据存储方式之一。将数据从不同的数据仓库和数据库汇集到数据湖中，可以使人更自由地访问数据，为企业级分析提供更全面的数据来源。数据库面向具体应用，如某个业务系统的数据存储。数据仓库是为了整合和分析多个数据源而创建的，目的是支持业务决策。数据中台则是为解决企业内部数据分散、数据质量差、数据共享难度大等问题而创建的，目的是实现数据共享、协同和服务化。

数据库和数据仓库的数据处理过程都包括对数据的 ETL 操作，但数据库更注重对数据的存储和检索，具备比较强的事务管理机制，而数据仓库更注重对数据的分析和查询。至于数据中台，其更侧重数据的集成和服务化。

数据库和数据仓库都是基于某种数据存储技术实现的，而数据中台更强调数据处理能力和数据服务能力，使用的技术也更为多样化，通常包括消息队列、流计算、API 网关、容器化、注册中心、监控中心等。

3.1.4 数据特性的治理差异

1. 结构化数据

结构化数据是指以一定规则和格式组织的数据，如关系数据库中的表数据。在数据治理过程中，结构化数据的规范化和标准化是非常重要的一步，只有当数据具有一定的结构和格式时才能够进行有效的管理与分析。通过对结构化数据进行清洗、去重、分类和标准化等操作，保证数据的一致性和准确性，从而提高数据的质量。

在数据治理过程中，企业也要考虑对结构化数据进行分类、分级，以保障数据的安全性和可追溯性。例如，将结构化数据按照不同的敏感程度进行分级，并设置相应的访问权限及采取相应的保密措施，以保证数据不被未经授权的人员访问与泄露；通过对结构化数据进行规范化和标准化的管理，以确保数据的质量与安全，并支持数据驱动的业务决策。

2．非结构化数据

非结构化数据是指没有固定格式和规则的数据，如文本、日志、图像、音频及视频等。与结构化数据不同，非结构化数据不容易被直接处理和分析，因此需要用更加有针对性的数据治理方法来管理与分析。在数据治理中，非结构化数据也是非常重要的一部分，因为这些数据往往包含着丰富的信息，能够带来巨大的价值。但是，非结构化数据的管理与分析面临着许多挑战，如数据量庞大、数据类型多样、数据质量难以保证和数据信息密度低等。

为了有效地管理与分析非结构化数据，有必要使用一些先进的数据治理技术和工具，如自然语言处理、图像处理、声音分析等技术，以及数据挖掘、机器学习等算法。通过这些技术和工具，可以从非结构化数据中提取有用的信息，并将其与结构化数据一起进行分析，从而获得更多的商业价值及竞争优势。

3.1.5　云原生

云原生是一种新兴的应用程序开发和部署模型，为应用程序提供高可用性、可伸缩性及弹性能力。与传统的单体应用程序不同，云原生应用程序多使用微服务架构，以更小粒度、可独立部署的组件构建应用程序。云原生技术和数据治理平台的技术框架密切相关。

云原生技术和数据治理之间的关联如下。

1．容器编排技术和数据治理

容器编排技术（如 Kubernetes）是云原生应用程序的基础设施。将应用程序部署在多个容器中，以实现高可用性和可伸缩性。在使用容器编排技术时，数据治理非常重要。数据必须正确分布在不同的容器之间，且其一致性和安全性须得到保障。同时，容器编排技术的高可用性不仅为数据治理平台的技术框架提供了更为稳定的数据技术底层，也提供了一种更为合适的弹性伸缩的技术架构。

2. 微服务架构和数据治理

微服务架构是云原生应用程序的一个关键方面。将应用程序分解为更小、更独立的组件，可以提高应用程序的可维护性和可伸缩性。在微服务架构中，每个服务功能模块都需要有自己的数据存储和访问控制机制。因此，数据治理对于确保每个服务功能模块都能正确管理自己的数据非常重要。微服务架构可以将一体化的大型单体架构拆解成可插拔的模块式架构，为数据治理平台的技术框架的模块化分阶段快速迭代提供基础支撑能力。

3. 自动化和数据治理

企业使用自动化工具和技术，可以自动部署、监控和管理云原生应用程序。自动化有助于保障数据的正确性和一致性，减少发生错误的可能性。同时，引入自动化工具后，企业可以更好地对整个敏捷数据治理平台的技术框架进行智能监控，通过预设的风险指标和阈值来监控风险，自动修复故障，大幅度提高数据质量。

3.1.6 微服务

微服务架构与单体应用程序不同，由多个服务功能模块组成。微服务相关技术和数据治理之间存在密切的关系。良好的数据治理有助于微服务应用程序之间数据流动效率的提升。同时，微服务相关技术也有利于提高数据治理平台的技术框架的开放性和可拓展能力。

敏捷数据治理平台的技术框架强调各组件的灵活性和可伸缩性。利用微服务相关技术可以将一个大型应用程序划分为多个独立的小型服务功能模块，每个服务功能模块运行在自己的进程中，通过轻量级的通信机制协作工作。

将微服务技术应用于敏捷数据治理平台的技术框架的实现，可以轻松扩展和缩减服务集群的规模。微服务架构支持轻松修改和更改部分服务功能模块，因此能更好地适应数据治理策略的变化与调整。微服务架构解除了不同服务功能模块之间的紧耦合，使得数据治理过程更加灵活和更容易管理。在实际操作中，企业利用智能化的运维平台来监控整个微服务系统的运行状况、检查服务间的通信状态、统一收集日志，从而迅速发现并解决问题。

3.1.7　应用性能监控

应用性能监控（Application Performance Monitoring，APM）是一种对应用程序的性能和可用性进行监控、测量、分析及优化的技术。通过收集和分析应用程序的各种性能指标数据，如响应时间、吞吐量、错误率等，发现并解决应用程序性能问题。在敏捷数据治理平台的技术框架的实现过程中，企业利用应用性能监控技术能够监控和分析应用程序的性能指标数据，发现性能问题。

在实际应用中，应用性能监控技术有助于敏捷数据治理平台实现持续集成与迭代交付，进而让数据治理技术相关组件和系统得以快速升级、演进。企业可以采用应用性能监控工具，如 Prometheus、Grafana、ELK 等，来收集和展示性能指标数据；将应用性能监控工具集成到敏捷数据治理平台的技术框架中,如使用 Docker 将应用性能监控工具部署在容器中,并与敏捷数据治理平台的技术框架中的其他服务进行集成。

云原生、微服务架构、虚拟化、应用性能监控和数据治理是现代企业 IT 基础架构中的重要组成部分。云原生强调在云计算平台上以容器化、可扩展性、弹性和自动化的方式运行应用程序。而微服务架构将应用程序分解为多个小型服务功能模块,并以分布式的方式进行部署和管理,以实现更高的灵活性、可扩展性和可维护性。通过采用云原生和微服务架构,企业得以更加灵活、高效地开发与部署应用程序,从而提高业务效率及响应速度。由于云原生和微服务架构的复杂性及分布式特性,应用性能监控工具就显得尤为重要。智能化的应用性能监控产品可以快速探查应用程序存在的问题,保障应用程序的稳定性和可靠性。这些技术的良好运用可以保障敏捷数据治理平台的技术框架的高效运行。

3.2 数据存储

数据存储是数据的底层基础载体,直接影响数据的可用性、安全性和性能。企业在制定技术方案时,需要针对数据存储需求合理规划数据存储系统,为数据治理项目的成功实施提供有力的支持和保障。

前文提到,不同类型的数据需要采用不同的存储方式。除此之外,数据规模也是选择存储方式时需要考虑的一个重要因素,大规模的数据需要分布式的存储方案来支持高效的数据存取和处理。

在数据治理项目中,数据的访问和共享非常重要,需要确保数据能够以安全、高效的方式被多个业务部门和用户访问及共享。因此,企业在规划技术方案时，需要考虑采用何种存储系统和访问控制机制，以实现数据的安全共享及高效利用。

数据备份能够保障数据的可靠性和可恢复性。数据治理平台的技术方案需要涵盖数据存储备份的策略和方法，包括全量备份、增量备份、定期备份等备份策略的选择，以及备份数据的存储位置和保密措施等方面的考虑。灾备方案的规划不可忽视，以在灾难发生时保障数据的连续性和可用性。

在数据治理项目中，要确保数据在不同系统之间的一致性，避免因数据不一致而导致的业务问题。对于某些业务场景，数据的实时性是至关重要的，需要采用合适的存储系统和技术来实现数据的实时更新与处理。企业在规划技术方案时，要考虑存储方案的成本效益，选择既满足需求又不需要过度投入的存储系统。

3.2.1　规划要点

良好的数据存储规划能更好地避免数据在存储和管理过程中出现丢失、损坏或不一致的问题，并且可以在满足需求的同时极大地降低存储成本。企业应设计数据的备份和恢复、数据的访问控制与加密等机制，以保护数据不受恶意攻击、破坏或泄露。数据存储规划包括对数据的备份和恢复、数据的更新和追踪等。数据存储规划应该具备可扩展性和灵活性，包括对数据的分区、复制及缓存等。

数据存储规划的考虑要点如下。

- 存储架构：在数据存储方面，必须慎重考量存储架构的设计。一般来说，存储集群的搭建、负载均衡、数据分片、数据迁移等问题很关键。同时，企业也必须考虑如何设计数据的存储结构，以便于数据的管理和查询。

- 存储技术：关系数据库是数据存储的主流技术。此外，企业也可以考虑使用 NoSQL 数据库、分布式存储、文件存储和对象存储等技术，根据业务需求来选择适当的存储技术。

- 存储成本：成本是一个非常重要的权衡因素。如果想要降低数据存储成本，则如何选择存储技术、如何优化存储架构、如何合理使用存储空间、如何压缩数据，以及数据仓库是否具备存算分离的能力、冷热数据是否可以存储于不同的介质等问题都需要企业进行仔细考虑。

- 数据安全性：包括数据的机密性、完整性和可用性。企业应综合评估数据的备份、容灾、加密、访问控制等方面的措施。

- 数据访问权限：设置数据访问权限是为了保证数据的安全性和隐私性，企业应考虑如何将数据授权给合适的用户，以促进数据的合理利用。

- 数据归档和清理：通过数据归档保留历史数据，进行数据分析和管理并清理无效数据，从而降低存储成本与运维成本。

3.2.2　存储备份

数据存储方面需要考虑数据库的选择、存储介质的选择、架构设计、备份和恢复、加密和权限控制、监控和性能优化等方面。在实际操作中，企业需要根据自身的需求和实际情况进行具体的分析及调整。以数据备份机制为例，通常有多种不同的方式可供选择，以下是一些常见的备份机制。

- 镜像备份（Mirror Backup）：镜像备份用于创建数据的精确副本，实现实时或准实时的数据同步，通常与磁盘阵列（如 RAID）等技术结合使用，从而提供高可用性和容错能力。

- 主从备份（Master-Slave Backup）：主从备份是一种常用于数据库系统的备份策略，其中一个服务器（主服务器）负责处理读写请求，另一个或多个服务器（从服务器）作为备份，同步主服务器上的数据。当主服务器发生故障时，从服务器可以迅速接管服务，实现高可用性和容错。

- 异地灾备（Offsite Disaster Recovery）：异地灾备是一种将数据备份到远程地点，以防因本地灾害（如火灾、洪水、地震等）导致数据丢失的备份策略。异地灾备可以通过物理介质（如磁带、硬盘等）或网络（如云备份）进行，确保业务的连续性和数据安全。

- 多点备份（Multi-site Backup）：多点备份是一种将数据同时备份到多个地点，以提高数据可靠性和容错能力的备份策略。多点备份既可以是多个本地备份，也可以包括异地灾备。

- 热备份（Hot Backup）：热备份是一种在系统运行时进行的备份策略，不影响业务运行，通常用于高可用性和实时性要求较高的场景，如数据库、关键应用等。

- 冷备份（Cold Backup）：冷备份是在系统停机或离线时进行的备份策略，可以确保数据的一致性和完整性，但可能导致较长的停机时间，通常用于不需要实时备份和恢复的场景。

- 虚拟机备份（Virtual Machine Backup）：虚拟机备份是针对虚拟化环境的备份策略，可以备份整个虚拟机（包括操作系统、应用程序、数据等），实现快速恢复和迁移。虚拟机备份可以通过快照、文件级备份、应用程序一致性备份等方法进行。

在选择备份机制时，肯定不是越复杂、越完备就越好。容错性高的方案往往实现成本比较高，运维成本也较高。因此，要想选择适合自身需要的备份机制，企业应该根据业务需求、技术条件、成本和风险等因素进行综合考虑，以满足最佳的数据保护和业务连续性（以适度超前为好）。

案例：某制造型企业在数据存储方面选择 MySQL 数据库作为数据存储的基础，主要考虑到其开源、免费、易于部署和维护的优点。此外，MySQL 具有广泛的社区支持和成熟的生态系统，可以轻松满足大规模的数据存储需求。在数据库设计方面，遵循数据规范化的原则，将数据分解到较小的表中，避免数据冗余和数据不一致的问题。同时，为了提高大数据量的查询效率，该企业使用分库分表技术，将大表分割成多个不同的子表，以缩小查询时的数据扫描范围。

数据备份和恢复是数据存储中的重要环节，该企业采用定时备份的方式，每天自动备份一次数据。备份数据存储在另一个磁盘上，以避免主磁盘故障导致数据丢失的问题。在需要恢复数据时，可以使用备份数据进行数据恢复，保证数据的完整性和可用性。

该企业对敏感数据进行加密，采用 AES 加密算法对数据进行加密和解密。同时，该企业对数据访问权限进行控制，只有经过授权的用户才能访问数据，避免非法访问和数据泄露的风险。

该企业通过监控工具对数据库进行监控和分析，及时发现数据库的性能瓶颈及故障，并采取相应的措施进行优化与调整。同时，该企业对数据库进行了性能优化，包括索引优化、查询优化和分区优化等，以提高数据库的查询速度。

3.2.3　实操经验

企业必须明确自身的数据存储需求，包括存储数据类型、数据量、数据结构、数据存储周期、数据访问特点等，在确定需求的基础上选择合适的数据存储方案。举例如下。

- 关系数据库：关系数据库基于关系模型将数据存储在表格中，表格由行和列组成。在关系数据库中，用户通过 SQL 语句进行数据操作和查询，主要关注事务处理（如增、删、改、查操作）和数据一致性，适用于在线事务处理（OLTP）场景。常见的关系数据库包括 MySQL、Oracle、PostgreSQL、SQL Server 等。

- NoSQL 数据库：NoSQL 数据库适用于非结构化数据和半结构化数据的存储，具有较好的可扩展性和性能优势。常见的 NoSQL 数据库包括 MongoDB、Redis、ElasticSearch、Neo4j、InfluxDB、Cassandra 等。

- MPP 数据库：这是一种分布式数据库系统。MPP 数据库通过将数据和计算分布在多个节点上，实现大规模并行处理；能够快速查询和分析大量数据，适用于在线分析处理（OLAP）和大数据场景；通常情况下，也可以基于关系模型支持 SQL 查询。典型的 MPP 数据库有 ClickHouse、Greenplum、GaussDB、TiDB 等。

- 数据仓库：数据仓库是用于存储和分析企业海量历史数据的大型数据库系统，适用于复杂查询、报表管理和数据挖掘等场景。数据仓库通过对数据进行整合、清洗、转换和聚合等操作，实现对数据的一致性及可用性。常见的数据仓库包括传统的关系型数据仓库、列式数据仓库、云数据仓库、Hadoop 数据仓库、实时数据仓库等。

在数据存储方案部署完成后，企业还必须建立数据存储管理运行机制，包括数据备份和恢复、数据安全和权限控制、数据访问和使用控制等方面的制度与流程。此外，企业有必要对数据进行监控及维护，及时发现和解决数据存储方面的问题，保障数据存储的可靠性与安全性。为了提高数据存储的效率和性能，企业应该进行数据存储优化工作。例如，对于关系数据库，进行索引优化、表分区、读写分离等操作，以提高数据库的查询效率；对于 NoSQL 数据库，进行分片、副本集、缓存等操作，以提高数据库的性能和可扩展性。

3.3　数据技术底座

数据技术底座是敏捷数据治理平台的基础架构，直接决定了敏捷数据治理平台的稳定性和灵活性。选择适合企业实际需求和发展规划的数据技术底座，能够为数据治理项目的成功实施提供坚实的技术基础和支持。从大的技术路径来看，企业在选择数据技术底座时，要考虑是选择传统架构产品还是基于云原生技术开发的产品。

非云原生的传统技术指不基于云计算和云原生理念的相关技术实现架构的技术。用传统技术开发的传统架构产品往往部署在企业自己的服务器或数据中心上，需要手动管理和维护硬件与软件资源。相对于云原生技术，传统技术通常更加静态、缺乏弹性和灵活性，好处是传统架构产品在技术方面的组件更少，比较易于理解和排查错误。

基于云原生技术开发的产品具备弹性伸缩的能力，可以提供高度的可扩展性和灵活性，能够根据数据治理项目的需求动态调整资源，具备应对高并发量的能力。另外，基于云原生技术开发的产品还具有自动化管理和运维能力，能够降低管理成本和风险。此外，基于云原生技术开发的产品通常具有较高的安全性和稳定性，能够保障数据的安全性和可靠性。因此，对于规模较大、数据量较大、需要灵活扩展的数据治理项目，选择云原生数据治理套件具有很多优势。

阿里云、华为云等云原生数据治理产品支持 SaaS（Software as a Service，软件即服务，一种用户不用再购买软件，而向提供商租用基于互联网的软件的形式）售卖模式。基于云原生技术开发的产品，既可以部署在公有云上，也可以部署在私有云上。当然，一般部署在私有云上的产品的价格会比较高。

私有化部署可以提高数据的安全性，尤其适用于一些对数据安全要求较高的行业，如金融和医疗。此外，私有化部署还可以更好地控制数据存储和处理的位置与方式，对于某些合规性要求较高的企业来说是一个较好的选择。

在做出选择时，企业需要考虑自身的具体情况和实际需求。例如，企业是否已经拥有云基础设施，是否具备云原生技术的运维能力，是否有足够的资源来支持云原生数据治理套件的运行等。同时，企业还需要考虑未来的发展规划，选择能够适应企业未来业务发展和数据增长需求的数据技术底座。

3.3.1　公有云套件

数据技术底座的基础设施服务商有一大类型是云原生技术服务商。比如，华为云的数据治理中心（DataArts Studio）是数据全生命周期一站式开发运营平台，提供数据集成、数据开发、数据治理、数据服务等功能，支持行业知识库智能化建设，支持大数据存储、大数据计算分析引擎等数据底座，可以帮助企业客户快速构建数据运营能力。又如，阿里云 DataWorks 是基于 ODPS、EMR、阿里云 CDP（企业数据云平台 Cloudera Data Platform，简称阿里云 CDP，这是阿里云自己的专用术语）等大数据引擎的统一大数据开发治理平台，为数据仓库、数据湖和湖仓一体等解决方案提供全面的支持，包含数据集成、数据开发、数据地图、数据质量和数据服务等全方位的产品功能，并且可以通过一站式的开发管理界面，让企业更专注于挖掘与探索数据价值；支持多种计算和存储引擎服务，如 MaxCompute、E-MapReduce、基于 Flink 的实时计算、机器学习 PAI、Graph Compute，以及交互式分析服务等。

通常情况下，仅仅购买云原生技术服务商提供的一站式数据治理平台套件（简称云原生数据治理平台套件）并不能解决所有问题。为了充分利用这些套件并使其适应自身的实际需求，企业仍需完成许多任务。例如，企业需要解决系统集成和适配、实现定制化需求、整体性能优化和监控、数据治理策略和流程优化、技术支持和服务，以及人员培训等方面的问题。

实施云原生数据治理平台套件的主要挑战包括以下几个方面。

- 系统集成与适配：云原生数据治理平台套件必须与企业现有的数据存储、数据处理和数据应用系统进行集成及适配。这涉及对接各类API、数据格式转换、数据流程调整等问题，企业只有具备一定的技术能力和经验积累才能很好地完成这项工作。

- 定制化需求实现：虽然云原生数据治理平台套件具有一定的通用性并进行了标准化，但每家企业在实际应用过程中会有特定的需求和遇到特定的场景。为在保证平台稳定性和兼容性的前提下实现这些定制化需求，企业需要克服一定的技术难题。

- 性能调优：云原生数据治理平台套件在不同规模和负载下的性能往往存在极大的差异。如何根据实际业务场景和需求，对平台的配置进行选型，对所选配置组件进行性能优化和参数调优，提高资源利用率和处理效率，对企业而言是不小的挑战。

- 数据治理策略与流程优化：虽然云原生数据治理平台套件包含了一

定的数据治理策略和流程，但每家企业在实际应用过程中都应该根据自身的业务特点和数据状况进行调整及优化。这需要企业具备较强的数据治理知识和实践经验。

- 技术支持与服务：企业在优化云原生数据治理平台套件的过程中，会遇到技术问题和故障。如何在第一时间获得厂商的技术支持和服务，并及时解决问题，是一个不容忽视的难点。

3.3.2　私有化部署

私有化部署数据治理平台相较于采用公共云服务有以下优点。

- 数据隐私性更好：数据不会离开企业的内部网络，不会被公共云服务提供商访问和管理。

- 更好的可控性：包括硬件、网络、软件等方面，使企业能够更好地满足自身的业务需求。

- 更好的定制化：根据企业的具体需求进行定制化开发，提供更好的用户体验。

- 更好的性能：包括更好地控制数据的存储、处理和传输等方面，从而提高数据治理平台的性能和响应速度。

- 更大的自由度：企业可以自由地替换或增强某一个技术组件的能力，可以自己排查解决问题，不会受制于服务商的解决问题能力和响应速度。

私有化部署数据治理平台也有一些缺陷，如下所述。

- 更多的技术人员：企业需要雇用更多的技术人员来负责平台的部署、配置、管理和维护等工作，这会增加企业的人力资源成本。

- 前期需要更多的投资：企业前期必须投入更多的资金来购买硬件和软件等资源。

- 动态可扩展性较差：相对于公共云服务来说，私有化部署数据治理平台的可动态扩展性较差，需要企业自行扩展硬件和软件资源。

私有化部署一套数据治理平台技术底座的实现路径，主要包括以下几种。

- 自主研发：企业可以根据自身的需求和技术实力，自主研发数据治理平台技术底座。这种方式具有高度定制化的优势，可以完全满足企业的特定需求。然而，自主研发需要较长的时间周期和较高的开发成本，一般头部互联网公司会选择这种方式。

- 开源方案：企业利用现有的开源数据治理工具和框架，搭建私有化部署的数据治理平台技术底座。这种方式的成本较低，而且可以利用社区的技术资源。但开源方案可能在功能完善度、技术支持和稳定性方面存在一定的局限性。技术实力很强、IT 团队规模比较大的行业头部公司可以考虑采用这种方式。

- 购买商业解决方案：企业购买成熟的商业数据治理平台产品，进行私有化部署。这种方式可以使企业快速地获得一套功能全面、技术支持完善的数据治理产品。但大型商业产品的价格较高，且定制化程度受到限制。

- 混合部署：企业结合自主研发、开源方案和商业解决方案的优点，搭建一套混合部署的数据治理平台技术底座。这种方式可以使企业在满足定制化需求的同时，利用现有的技术资源和解决方案降低开发成本和风险。比如，数据采集和 BI 展示功能使用商业型产品，数据仓库与开源产品搭配使用。

总而言之，无论采用哪种方式完成数据治理平台技术底座的部署，企业都应当充分考虑自身的需求、资源和预算，制定合适的部署策略和实施方案。同时，在部署过程中，企业要关注数据治理平台技术底座的关键要点，确保该平台能够满足企业的数据治理需求，提高数据治理的效果和效率。

3.4　数据 ETL

ETL 是一种数据集成和处理方式，由 Extract（提取）、Transform（转换）和 Load（加载）3 个英文单词的首字母构成，常用于从不同的数据源中提取数据，经过清洗和转换后将其加载到目标数据存储系统中。

ETL 过程如图 3-3 所示。

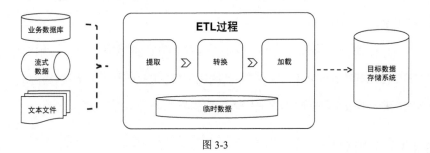

图 3-3

数据 ETL 的关键步骤如下。

（1）明确需求和目标：在数据 ETL 开始实施之前，必须明确一些关键要素。例如，明确提取的数据源位置、转换和清洗数据的规则、加载到哪个目标数据存储系统中、支持哪些分析和决策需求，以及数据量、时效性方面有什么特殊要求等。

（2）选择合适的工具和技术：根据需求和目标，选择合适的 ETL 工具。常用的 ETL 工具包括 Kettle、DataX、Sqoop、Talend、Informatica、DataStage、

SSIS 等，常用的 ETL 开发技术包括 SQL、Python、Java 等。企业在选择工具和技术时需要考虑实际情况、技术能力和维护成本等因素。

（3）采用增量抽取方式：在抽取数据时，应该支持增量抽取方式。企业在进行增量抽取时可以仅抽取变化的数据，以减少数据传输和处理时间。

（4）使用合适的转换和清洗方式：根据实际情况使用合适的方式。例如，使用 SQL 进行数据转换和清洗，或者通过 Python 或 Java 编写脚本程序进行数据处理和加工。企业需要根据数据类型、数据量、规则转换的复杂度与性能等因素选择合适的数据转换和清洗方式。

（5）保证数据质量和安全性：在数据 ETL 实施过程中，保证数据质量和安全性非常重要。例如，企业在抽取数据时进行数据校验和验证，在转换和清洗数据时完成数据去重，在加载数据时进行数据备份和恢复，以确保数据的完整性、准确性。

（6）定期进行性能优化和维护：在数据 ETL 实施完毕后，必须定期进行性能优化和维护。例如，企业可以优化 ETL 作业的运行时间和资源消耗，定期清理无用数据和日志，以及修复数据异常与错误等。

3.4.1　多源异构

多源异构数据的采集是一个比较复杂的过程，企业应当认真考虑数据来源的特点、选择合适的数据采集工具、解决数据冲突和重复等问题。只有经过严谨的设计和实施，才能够实现高效率的数据采集。

在进行数据采集之前，企业必须清楚数据的来源种类，如关系数据库、日志文件、消息队列、API 等，并了解不同数据源的数据结构、数据格式、数据大小、数据更新周期等。根据不同数据源的特点，企业可以选择合适的数据采集工具。例如，对于关系数据库中的数据，可以使用 JDBC 或 ODBC 进行数据采集；对于 MySQL 数据库中的数据，可以基于 MySQL 的二进制日志进行数据采集；对于非关系数据库中的数据，可以使用 NoSQL 数据库的编程接口进行数据采集；对于文件型数据，可以使用 FTP 或 SFTP 等协议进行数据采集；对于第三方的数据，可能会用到 API 或 RPA（Robotic Process Automation，机器人流程自动化）程序来进行数据采集。

在进行数据传输时，企业必须考虑数据传输的安全性，特别是在通过互联网进行数据传输时。企业可采用加密协议（如 SSL/TLS）和安全通道（如 VPN）来保障数据传输的安全性。遇到数据冲突和重复的情况，企业可以运用数据去重和数据合并等方式来解决这些问题。在多源异构数据采集任务建立、完成后，企业应当定期维护，包括监控数据采集任务的运行状态、检查数据的质量、处理数据采集任务的错误等。

3.4.2　任务调度

任务调度和失败补偿机制设计是保证数据采集稳定性的重要因素。企业在设计任务调度和失败补偿机制时，应该考虑数据采集的连续性、异常情况的处理、日志记录和监控等因素，以确保数据采集的成功。

任务调度主要考虑的因素如下。

- 任务调度：为了保证数据采集的连续性和准确性，企业需要在任务调度方面进行规划和设计。例如，企业既可以采用定时触发、事件触发、手动触发等方式，也可以借助现有的任务调度工具进行任务调度，如 Airflow、Nifi、Azkaban、Oozie、Cron、Jenkins 等，还可以依据自身的需求进行开发和定制。

- 失败补偿机制：在长时间的数据采集过程中，企业必须考虑到会出现的各种异常情况，如数据源宕机、网络中断、资源不足等。为了保证数据采集的完整性和准确性，企业需要设计合适的失败补偿机制，通过设置重新采集、数据回滚、数据补偿等策略来应对各种异常情况。此外，企业还可以设计异常报警机制，将异常通知消息通过邮件、短信、钉钉、企业微信、电话等不同的方式及时通知系统管理员，以便其及时处理异常情况。
- 日志记录和监控：在任务调度和失败补偿机制方面，企业应当加强日志记录和监控，记录任务调度的时间、状态、失败原因、执行过程明细、采集的重试次数等信息，以便后续的追溯分析和异常排查处理。企业可以部署开源日志监控工具，如 ELK、Graylog、Loki 等。
- 验证数据的完整性和准确性：企业应校验采集到的数据是否符合预期，包括检查数据类型和范围，以及是否存在缺失值、重复值或异常值。此外，企业还可以借助自动化测试工具和脚本，对 ETL 过程中的数据完整性和准确性进行定期检查，定期生成数据质量报告，对数据质量进行总体评估。

3.4.3 数据清洗

数据清洗指通过对原始数据的处理，使其符合数据质量标准和业务需求。在进行数据清洗时，企业应该考虑数据来源的多样性和复杂性、大数据量的处理、清洗规则的配置、清洗流程的自动化，以及数据清洗结果的验证和反馈等方面。

数据清洗的重点如下。

- 数据来源的多样性和复杂性：大型企业的数据来源非常多，数据类型、格式、结构和质量等各不相同。在数据清洗过程中，企业应综合考虑数据来源的差异，对不同的数据源进行特定的清洗处理。

- 数据质量的保障：企业在数据清洗过程中应保证数据的完整性、准确性、一致性和有效性等。企业可以采用数据校验、去重、格式转换、缺失值填充、异常值处理等方式进行数据清洗。

- 大数据量的处理：随着数据量的增长，数据清洗的处理难度也会相应增加。企业在数据清洗过程中必须评估数据量的规模和处理效率，选择合适的技术和算法来保证数据清洗的速度及质量。

- 数据清洗流程的自动化：数据清洗通常是一项烦琐且需要不断重复的工作，将清洗流程自动化、减少人工干预，可以大幅度地提高工作效率。

- 数据清洗结果的验证和反馈：企业可以采用数据校验、监控数据异常、数据质量报告等方式来验证清洗结果的准确性和完整性，并及时反馈给相关人员。

3.5　产品选型建议

对产品选型进行全面的考虑和评估是数据治理平台技术方案规划中的重要环节，是否选择了合适的数据治理产品将直接影响到数据治理项目的成败与效率。在进行产品选型时，企业需要综合考虑多种因素，以确保所选产品能够最好地满足企业的需求和目标。

不同的企业有不同的数据治理需求，如数据质量管理、元数据管理、主数据管理等。明确数据治理项目的目标和需求可以帮助企业更好地选择适合的数据治理产品。对市场上的各类数据治理产品进行充分的调研和评估，了解不同产品的功能、特点、优势和劣势，以及是否符合企业的技术架构和规模，是选择的关键。同时，企业也需要考虑产品的用户友好性、易用性和学习曲线，以便在实施过程中能够更快地被团队接受和适应。

选择适合的数据治理产品不仅要考虑产品本身的购买成本，还要考虑后续的维护和升级成本。同时，企业要评估产品供应商的综合实力和技术支持能力，以确保在项目实施过程中能够及时得到技术支持和帮助。而且，随着企业数据规模的不断增长，数据治理平台需要具备良好的可扩展性，以适应企业未来业务扩展和数据量增加的需求。

3.5.1　技术架构

在数据治理产品选型过程中，技术架构方面的要点如下。

- 易用性和可扩展性：数据治理产品应具有良好的易用性，以便用户快速上手并高效地完成数据治理任务。同时，产品应具备良好的可扩展性，以满足企业未来业务扩展和数据量增加的需求。

- 平台兼容性：企业应考虑数据治理产品在企业现有技术架构中的兼容性，确保其能够无缝集成到企业现有的数据平台、数据仓库、数据湖等系统中。

- 多数据源支持：企业所选择的数据治理产品应支持多种数据源，包括关系数据库、非关系数据库、文件系统、数据流等，以满足企业不同数据场景的需求。

- 算法和模型支持：数据治理产品应提供丰富的数据清洗、数据质量检测、数据脱敏等算法和模型，以便用户根据具体需求选择合适的算法和模型进行数据处理。

- 安全性和合规性：企业所选择的数据治理产品应具备强大的安全性能，确保数据的安全存储和传输。同时，企业所选择的数据治理产品应满足企业所在地区和行业的相关合规性要求，如数据保护法规及隐私政策等。

- 技术支持和服务：企业应选择具有良好技术支持和服务的数据治理产品，以便在遇到问题时能够及时得到帮助。

- 成本效益：在满足技术需求的前提下，企业应考虑数据治理产品的总体拥有成本，包括购买、部署、维护和升级等费用，保证其所选择的产品具有良好的性价比。

下面，我们通过银行、医疗行业的两个实际案例来看看技术架构选型方面要考虑的要点。

案例 1：某银行需要一个数据治理产品来支持其风险管理、信贷审批、反欺诈、市场营销等业务。其在技术架构方面需要考虑的要点如下。

- 数据安全与隐私：金融数据通常具有高度敏感性，因此该银行所选择的数据治理产品需要符合相应的安全和隐私标准，如数据加密、访问控制、审计追踪等。其技术架构应该包括数据脱敏、加密方面的功能模块。

- 数据质量：金融行业对数据质量要求严格，因此该银行所选择的数据治理产品的技术架构应尽可能包含可以智能化地检测数据质量的功能模块。

- 实时处理：信贷审批和反欺诈等业务场景要求实时处理数据，因此该银行在选型时需要考虑数据治理产品的技术架构是否支持实时数据处理。

- 高可用性与可扩展性：金融服务通常要求高可用性和可扩展性，因此该银行在选型时要关注产品技术架构的高可用性和便捷的扩展能力。比如，模块之间的耦合度是否为松耦合。

案例 2：某医疗机构希望对患者的病历、诊断结果、药品信息等进行数据治理，以提高诊断准确性，提升患者体验。其在技术架构方面需要考虑的要点如下。

- 数据质量：医疗行业需要对患者的病历、药品信息等进行准确管理，因此该医疗机构所选择的数据治理产品的技术架构最好具备数据质量智能化检测和改进的能力。

- 处理非结构化数据：医疗数据中包括大量的非结构化数据，如病历、影像等，因此该医疗机构在进行选型时应当考虑数据治理产品的技术架构是否能良好地处理非结构化数据。

- 数据分析与挖掘：医疗行业需要对数据进行深入分析和挖掘，如患者画像、疾病分析等，因此该医疗机构在进行选型时需要关注数据治理产品的技术架构中是否有算法引擎支持高级分析功能。

3.5.2　成本预算

在评估数据治理平台建设的预算时，企业要充分考虑各方面的成本，并根据实际需求进行权衡。同时，随着数据治理项目的推进，预算可能需要进行动态调整。在评估预算时，建议企业与不同的供应商进行沟通和谈判，以获取最优惠的价格和服务。同时，企业应确保预算分配合理，以实现数据治理平台建设的目标。

企业在评估数据治理平台建设的预算时，需要考虑以下因素。

- 软件许可费：购买数据治理平台的许可费用，包括基本功能许可费、附加模块许可费等。

- 硬件成本：购买部署敏捷数据治理平台所需硬件设备的费用，如购买服务器、存储设备、网络设备等硬件资源的费用。如果敏捷数据治理平台部署在云端，则这些费用包含在云服务提供商的方案包费用中。

- 系统集成与适配：根据实际需求，如果要对敏捷数据治理平台进行定制开发、系统集成与适配，则这部分成本包括开发人员工资、外部咨询服务费用等。

- 数据迁移与清洗：企业将现有数据迁移到新的敏捷数据治理平台，必然要进行数据接口开发、数据清洗、格式转换等工作，这部分成本包括开发人力成本和软件工具费用。

- 培训成本：为确保敏捷数据治理平台的使用效果，企业需要对员工进行培训。培训成本包括内部培训人员工资、外部培训机构费用等。此外，为防止团队成员离职导致知识流失，企业还应建立知识传承机制，由此产生的费用也属于培训成本。

- 技术支持与维护：敏捷数据治理平台需要持续的技术支持与维护，包括软件升级、故障排查、安全维护等，这会产生相应的费用。随着业务的发展，企业需要对敏捷数据治理平台进行扩展或升级，这也会产生一定的费用。

- 预留的应急预算：为应对项目过程中出现的意外情况，企业需要预留一定的费用。项目中的不确定性因素包括需求变更、延期等。为防范潜在的风险，如数据泄露、系统故障等，企业还应投入一定的成本进行风险应对。

考虑这些因素后，企业可以制订一个合理的预算计划。但是，具体预算还需根据企业的业务需求和实际情况进行调整。建议企业与专业的敏捷数据治理平台供应商或咨询公司进行合作，进行全面的预算评估和预算计划制订。

3.5.3　供应商综合实力

由于数据治理服务需要投入的成本高和见效时间长，以及考虑到服务本身的定制化特点带来的非标准性实施内容，因此，全面了解数据治理服务商的综合实力，从而选择一个适合的合作伙伴对企业而言是非常重要的一件事情。在评估数据治理服务商的综合实力时，企业要全面考虑各方面的因素，以确保其能选择到合适的合作伙伴。

评估数据治理服务供应商的综合实力时，企业可以从以下几个方面进行考量。

- 行业经验和客户案例：企业应查看供应商在数据治理领域的行业经验，分析其客户案例，了解其在不同行业的实施能力和成功案例，尤其是企业所在行业中相关项目的成功案例。这有助于企业了解供应商是否具备行业背景知识，是否能够更好地理解企业的业务需求。企业可以查找该服务供应商的现有客户对其服务的评价，了解他们的反馈。当然，对于失败了的项目，或者客情关系不太好的客户，供应商不会主动介绍，企业可以通过一些行业内的渠道进行打听，或者先通过供应商以往的公开宣传调查其有哪些客户，然后通过人脉关系网络找到客户方的内部人士打听产品真实的应用情况。

- 产品功能和成熟度：企业应了解供应商的数据治理产品是否具备完善的功能，能否满足企业的需求。此外，企业还要考察产品的成熟度，包括稳定性、可扩展性和易用性等；产品最多的客户群体在哪些行业、有什么样的体量，以及其他一些可以从侧面佐证产品市场真实接纳程度的信息。企业应避免只听信供应商的产品宣传资料和售前专家的口头介绍，因为同等级的供应商宣传的产品能力一般大同小异，但是在稳定性方面会有差异。产品功能并非越新越好，太新的技术可能不太稳定，或者技术路径的竞争格局并不明朗。在满足需求的情况下，企业对于技术的选择可以稍微保守一点，不要第一个去踩坑。

- 企业声誉和稳定性：企业应了解供应商的企业声誉和品牌形象，包括市场份额、客户评价、获得的奖项和认证等。企业应考察供应商的企业规模、成立时间和财务状况，并通过企查查、天眼查等平台了解供应商的司法诉讼情况，这有助于判断其稳定性和与其长期合作的可行性。因为我国市场的竞争激烈，很多供应商的产品在换代升级时难以保持很好的延续性，甚至会出现核心人员离职后，某一代产品难以维护的问题。成立时间长的企业，也未必在各方面都做得很好。通常，一家老牌企业可能在某一个行业有比较优质的客户沉淀，但在其他行业未必就会同样做得很好，这需要具体地去深入了解。

- 技术能力：企业应查看供应商的技术实力，如平台的功能、性能、稳定性等。此外，企业还应关注供应商在数据治理领域的创新能力和核心技术，了解其是否具备满足企业当前和未来业务需求的技术实力；评估供应商在满足企业特定需求方面的定制化能力，以及与其他系统集成的能力，这些因素将影响敏捷数据治理平台在企业内部的应用效果；分析供应商团队的技术能力、行业经验和执行力（涉及研发团队、实施团队和售后服务团队等），如果供应商研发能力强、项目交付能力弱，则其同样难以做好项目实施。

- 服务支持和售后保障：企业应评估供应商的服务支持体系，包括技术支持、售后服务、培训和知识转移等。企业应了解供应商对客户的响应速度和解决问题的能力，了解供应商是否提供完善的培训和技术支持服务，从而协助企业内部技术团队快速上手使用数据治理产品。

3.6 本章小结

敏捷数据治理平台技术规划为敏捷数据治理方法论的实施提供技术支持和保障。敏捷数据治理强调快速适应变化和持续优化，而有效的数据技术底座是支撑这一理念的基础。通过合理规划技术框架、数据存储、ETL流程和数据技术底座，能够提升数据处理效率和质量，实现敏捷数据治理的目标。

在进行敏捷数据治理平台技术规划的过程中，企业应该紧密结合自身的实际需求和业务目标，避免过于复杂的技术方案，注重解决真正的数据治理问题，建立灵活、可拓展的技术框架，以适应企业未来的数据治理和技术发展需求。同时，企业应积极应对云原生、微服务架构及性能监控等技术挑战，确保敏捷数据治理平台的稳定性和可扩展性。另外，企业应充分考虑数据安全和隐私保护问题，加强数据加密和权限控制，确保敏感数据不被未授权访问和泄露；通过合理的技术选型、灵活的架构设计和持续的技术优化，有效解决敏捷数据治理平台技术规划的各种挑战，实现数据治理工作的高效推进和持续发展。

第 4 章

敏捷数据治理平台的功能分析

麻雀虽小，五脏俱全。

敏捷数据治理平台是一种可迭代的数据治理架构体系，从大而全的数据治理体系中提炼核心的功能部件，并将各个部件的功能缩减到最具价值的范围内。这些核心的组件不可或缺，每个组件都扮演着重要的角色。它们相互协同，共同构成一个轻量级的数据治理平台的整体功能，具备高效性、模块化和可持续迭代等优点。本章将围绕数据应用和专题领域中的各项能力进行详细讨论。

4.1 智能数据应用

智能数据应用是指利用先进的数据分析和人工智能技术，将数据转化为有价值的洞察与决策支持，实现数据驱动的智能化应用，推动业务的发展及创新。数据治理产出的高质量数据，可以通过智能化数据应用来放大其业务价值。

敏捷数据治理平台通过数据整合、清洗和管理来确保数据的准确性及可靠性。利用先进的数据挖掘技术,从高质量的数据中提取出有价值的信息,开发各种类型的智能数据应用。商业型数据治理平台的套件产品中一般都会集成部分智能数据应用的功能模块。

在规划敏捷数据治理平台的功能时,企业可以考虑给业务人员提供一个友好且灵活的数据分析和探索工具,让他们能够自主地进行数据分析及挖掘。智能数据应用可以提供丰富的数据可视化和探索功能,让业务人员能够自由地探索数据、发现有价值的信息,从而提升业务决策的效率和准确性。更进一步,敏捷数据治理平台可以提供智能化的实时预警能力。数据预警是一种及时响应数据异常情况的技术,可以帮助企业及时发现潜在的问题或机会,并采取相应的措施。

智能数据应用的全面深入使用,将有助于推动企业实现数据驱动的智能化转型,提升企业的竞争力和业务价值。本节将探讨智能数据应用的 3 个重要方面:自助式 BI 分析、数据分析洞察和数据预警。

4.1.1　自助式 BI 分析

自助式 BI 分析使得企业的业务人员能够以自由的方式运用 BI 工具进行数据分析与挖掘,从而更迅速、精确地获得业务信息。自助式 BI 分析帮助业务人员更加灵活和高效地获取数据与信息,同时对数据质量提出了更高的要求。

数据治理能力是自助式 BI 分析应用发展的基础性保障。企业应通过建立统一的数据定义和数据管理规范将数据标准化,让不同部门之间使用的数据保持一致,从而降低数据分析的错误率。另外,企业可以通过元数据管理、数据标准管理、数据血缘追踪、数据质量评估等方式来促进数据使用过程中的合规性和规范性,从而保证数据使用的可靠性与合法性。

BI 报表与传统报表的主要区别在于目的和使用场景不同。传统报表通常用于汇报和记录数据，如列出销售统计结果、统计商品库存、汇总财务成本等，目的是简单地记录信息并为业务决策提供基础参考信息，并不提供深入的数据分析和交互式数据探索功能。从时效性来说，传统报表的数据需要比较长的数据收集时间，在数据汇总的过程中可能还需要进行人工干预，在数据采集环节，很多数据仍需人工填报。

相比之下，BI 报表能让人更深入地了解数据，从而发现关键趋势和模式[①]。BI 报表通常具有一定程度的交互式功能，如钻取（Drill Down）和分组，让使用者快速过滤并汇总数据。另外，BI 报表还包括数据可视化图表，呈现数据的方式更为多样化。

自助式 BI 分析的目标是在无须技术人员支持的情况下，管理层、业务部门也能自主使用 BI 工具进行数据分析和探索，让数据应用需求侧的满足不会受限于 IT 人员的工作任务排期。虽然自助式 BI 分析极大地提高了数据分析的自由度，也减少了 IT 人员的工作量，但是自助式 BI 分析的门槛较高，需要综合考量数据质量、数据规模、技术水平、分析目标和数据模型等多方面的要素，并非简单地购买一套 BI 工具就可以达到目的。

如果以下这些方面没有做好就进行自助式 BI 分析，则很容易使企业陷入困境。

- 数据没有标准化：企业没有建立统一的数据标准，业务规则模糊，各个部门对数据的取数逻辑理解有差异；数据质量差，包含大量缺失

---

① 模式：通常指的是数据中重复出现的特征、趋势或行为规律。这些模式可能揭示了业务活动中的某些固定模式，如消费者购买行为的周期性变化、销售热点的地理分布规律，或者产品需求随时间变化的趋势等。

值、异常值、不一致值等错误数据，进行自助式 BI 分析会产生错误的分析结论。

- 数据量太大：自助式 BI 分析通过 SQL 语句直接访问数据源，在大数据量的环境中性能低下；难以支持复杂的多表查询和分析操作，系统分析速度慢，或者会直接崩溃；大型企业的某些复杂业务分析场景可能涉及几十张数据表的 join 查询。

- 缺乏明确的分析目标：如果使用者经验不足、缺乏明确的分析目标，则自助式 BI 分析无法提供有意义的数据分析。

- 缺乏有效的数据模型和指标：自助式 BI 分析工具仅提供数据分析的技术支持，而缺乏针对特定领域的专业知识；缺少有效的数据模型和分析指标的支持，难以获得有直接业务洞察价值的分析结果。

- 技术水平不足：自助式 BI 工具对数据的分析能力依赖于数据模型，建立数据模型的过程包括数据采集、清洗、数据分层存储、维度建模等，良好的数据模型建设需要相关人员具备大量的经验，如果底层数据模型有设计缺陷，则进行自助式 BI 分析会很困难。

4.1.2　数据分析洞察

敏捷数据治理平台通过深度的数据分析洞察提供更准确、可靠和全面的数据支持，使企业能够做出更优的决策，提高业务效率、降低成本、增加收入等。企业利用敏捷数据治理平台进行深度的数据分析洞察，发现潜在的商机和趋势，及时调整业务策略与资源分配；能够更好地理解客户需求和偏好，提供个性化的产品与服务，从而提升客户满意度及忠诚度。另外，企业利用敏捷数据治理平台进行深度的数据分析洞察可以更好地了解市场和竞争对手，有利于更好地应对竞争与挑战、促进创新及业务增长。

敏捷数据治理平台的数据分析洞察功能在各个行业中的许多场景中得到应用，并产生了较大的价值，如下所述。

- 供应链管理：敏捷数据治理平台通过深度的数据分析洞察帮助企业分析和优化供应链网络，识别供应链中的瓶颈和风险，精准地采取相应的措施来减少风险。企业通过分析历史库存记录和需求预测，能够确定库存需求和最佳的库存水平、减少库存成本、整合第三方数据。企业既可以在引入供应商的环节中设置信用分数的门槛，也可以在长期的供应商生命周期的管理过程中动态监控核心供应商的信用及风险的变化，及时制定预案。

- 营销和销售：敏捷数据治理平台通过深度的数据分析洞察帮助企业了解客户的需求特点和购买行为偏好，从而优化产品与服务、提高客户满意度及忠诚度、增加销售额；为不同渠道、不同客户设计有针对性的促销方案；可以精确地了解不同地区的各个类型的消费群体及其对不同产品的消费偏好。

- 物流和运输：敏捷数据治理平台通过深度的数据分析洞察帮助企业分析和优化物流路线、提高运输效率、降低物流成本、降低交付延误风险等。

- 金融服务：敏捷数据治理平台通过深度的数据分析洞察帮助金融机构分析风险、优化投资组合、提高客户满意度等，从而提高利润率和市场份额。

- 医疗健康：敏捷数据治理平台通过深度的数据分析洞察帮助医院提高医疗质量、降低成本、优化治疗计划等，从而提升治疗效果，提高患者的满意度。

- 人力资源管理：敏捷数据治理平台通过深度的数据分析洞察从数据

的角度准确分析员工离职率、绩效等，从而优化企业的招聘、培训流程与绩效管理方案等。

4.1.3 数据预警

数据预警（Data Alert）是指在数据监控和分析的过程中，当数据达到预设的异常程度或预设的阈值时，系统会按照既定的业务规则发出预警信息，提醒相关人员及时采取行动。数据预警在很多领域中都有广泛应用，如金融、医疗、能源、物流等。

在自动化的数据监控预警系统中，需要明确预警规则中各个指标参数的阈值，并在运行过程中持续监控指标数值的变化。图 4-1 所示为数据监控预警系统的作业流程框架，包括设计预警规则、监控业务过程、发布预警消息、发起改善流程和进行问题整改及结果评估等多个环节，形成一个问题改善闭环，进行主动式预警并追踪异常问题。

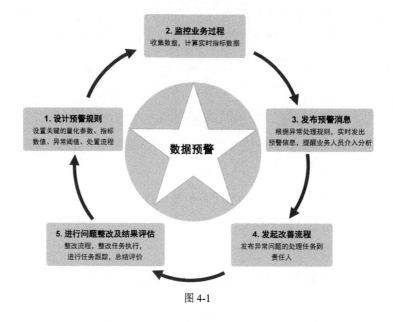

图 4-1

数据预警的目的是在业务侧发生变化时，通过对数据的观察及时发现问题，尽早介入，采取应对措施，避免损失或风险的扩大。自动化的预警机制，可以极大地减轻人工核查的负担。

常见的数据预警类型如下。

- 数据趋势预警：监测某个指标或基础数据的变化趋势，当数据达到预设的异常范围时发出预警信息。

- 阈值预警：监测某个指标或数据的数值是否超过预设的阈值，当数值超过预设的阈值时发出预警信息。

- 异常值预警：监测数据中是否出现异常值，当数据中出现异常值时发出预警信息。

- 规则预警：监测数据是否符合某条规则或某个模型，当数据不符合规则或模型时发出预警信息。

4.2　数据指标体系

数据指标体系是指一个完整的、面向业务领域分析、具有层次结构的、包含多个指标的体系。数据指标体系基于企业战略目标，通过数据分析和建模技术，对运营数据进行提炼并将其转化为可供决策者使用的指标体系。一个完整的数据指标体系通常由多个层次的指标构成，系统地展现企业全方位的运营状况。

数据指标体系将企业的运营数据转化为可供决策者使用的指标体系，而指标是这个体系中的具体参数。举个例子，指标就像体检报告中的各种描述身体健康情况的参数，被用来衡量企业经营情况。因此，指标是数据指标体系的基础，数据指标体系是指标的归纳和总结。指标既可以是单一的数字，也可以是用数值计算的比率。常用的指标很广泛，包括财务指标、销售指标、客户指标、生产指标、库存指标、物流指标、HR 指标等。

企业可以通过建立完整的数据指标体系来评估自己的运营状况，为决策提供数据依据，从而更好地实现战略目标。同时，企业能够通过对指标的监控和分析，及时发现问题，实现持续优化运营。

在数据治理项目中，指标体系的建设涵盖 3 部分内容：指标库、关联关系，以及指标体系的使用指南。

指标体系的建设及应用过程如图 4-2 所示。通过梳理业务需求来设计良好的指标，将指标分类分级汇集到指标库中，确立指标间的关联关系，制定指标规范和使用指南，最终在各种数据应用中使用指标。

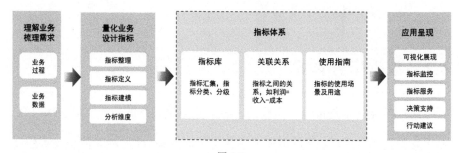

图 4-2

4.2.1　数据梳理：自上而下

自上而下的数据梳理方法，也称自顶向下的数据梳理方法，从业务架构出发，识别核心业务流程，盘点数据流向，分析数据架构，梳理数据用途。这是一种系统性的方法，可以有效地从业务到技术逐层深入地展开数据梳理过程。此方法是一种从宏观到微观的数据分析方法，它从整体的业务视角对数据进行分类、分级，逐步深入具体的数据属性的定义细节，适用于处理大量复杂的数据，如企业的财务报告或营销、供应链、生产等特定业务领域的数据。

在该方法的具体操作过程中，企业要考虑决策层、管理层、执行层对于数据使用的差异化需求，能够支持从不同的数据维度来进行多层次的数据分析，如全局视角分析、业务专题分析、数据明细分析等，重视不同业务分析场景中常见的多样化诉求。图 4-3 所示为从决策层、管理层和执行层等不同层面与视角来对数据进行分析、归类，梳理数据的使用需求。

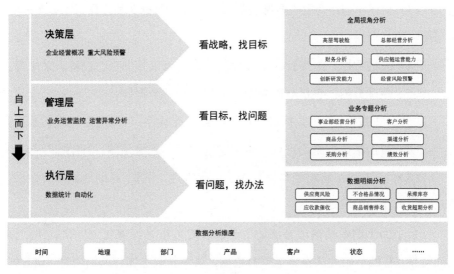

图 4-3

此方法的优点是从一开始就关注数据在业务分析方面的价值，其工作成果更容易得到业务部门的认可。其缺点是操作难度大，要深入研究业务细节，投入时间多，对人员能力的要求高，在项目落地设计数据指标物理模型时容易出现数据来源缺失的问题。除此之外，如果不能很好地控制数据梳理项目边界的蔓延，会导致补充数据来源的工作越来越多。

自上而下的数据梳理方法的操作步骤如下。

（1）定义主题：明确需要研究或分析的主题。确定需要查看哪些数据，缩小搜寻范围。从业务部门的核心流程出发，扫描价值链中的各个环节，理解企业的业务架构模型。从业务架构模型中识别关键业务能力，确定研究的重点主题领域。

（2）确定目标：结合业务管理过程和目标的需求，识别哪些数据是必要的，哪些是非必要的。

（3）制订计划：确定需要哪些数据，安排资源投入和工作进度，完成数据的收集和分析。

（4）收集数据：收集目标相关数据的方式可以是调查、观察、采集等。

（5）整理数据：包括清理数据、去重、合并数据等。

（6）分析数据：使用数据可视化工具或统计软件，可以更好地理解数据。

（7）得出结论：结论可以是对主题的解释、趋势预测、行动建议等。

（8）沟通结果：将结论与相关人员进行沟通、分享，帮助他们理解数据，从而采取相应的行动。

自上而下的数据梳理方法适用于需要对数据进行宏观分析和总体把握的场景，有助于企业从整体上理解数据，从中获取更加深入的信息。该方式适用于梳理指标体系中具有较高层次的指标，如企业的总收入、净利润等财务指标，以及市场份额、市场占有率等战略性指标。

举例来说，以市场份额为例，该指标的计算需要涉及企业的总销售额、行业总销售额等多个底层指标。因此，在梳理市场份额指标时，需要先确定底层指标的定义和计算方式，然后汇总计算出市场份额。同样，以企业总收入为例，该指标的计算需要涉及各个业务板块的收入总和，因此在梳理企业总收入指标时，需要先对各业务板块的收入进行清晰的分类和定义，并明确统计口径，再进行汇总计算。

企业想要提高客户满意度，可以采用自上而下的数据梳理方法，将客户满意度逐步细化为各个业务部门对应的客户满意度指标，并对应各个具体的服务或产品。企业要控制成本，也可以采用自上而下的数据梳理方法，将控制成本逐步分解为各个业务部门对应的成本指标，如销售成本、人力成本、采购成本、物流成本等。

这些指标本身属于较高层次的指标，涉及多个底层指标的计算和汇总，因此适合采用自上而下的数据梳理方法。

4.2.2　数据梳理：自下而上

自下而上的数据梳理方法是一种从具体数据入手，逐步构建抽象概念或模型的方法。此方法是一种探索性的方法，可以帮助企业发现数据中的模式和规律，并形成有意义的概念或模型，从而提供对实际问题的深入见解和解决方案。这种方法是从技术方面出发整理数据，如利用元数据采集工具将目标业务系统中的数据都收集到元数据管理系统中，对数据进行标识和整理，按照数据的业务用途对归集的数据分类分级，基于已有数据，向业务侧需要的数据能力方向聚合，向上生长，构建指标。

该方法的优点是"有什么样的数据，就提供什么样的数据"，在建设数据类的应用时容易落地执行；缺点是业务侧关注的数据指标未必能够覆盖到。从单纯的技术角度来说，采用该方法可能出现数据盘点工作完成了，但是业务部门不买账的情况，因为"想看的数据没有，不想看的数据一堆"。

该方法常用于研究某个具体问题，如探索某个市场的消费者行为、分析企业的运营数据等。

自下而上的数据梳理方法的操作步骤如下。

（1）收集数据：收集与问题相关的各种来源的数据，如市场调查数据、消费者反馈数据、运营数据等。

（2）整理数据：对收集到的数据进行整理和清洗，以确保数据的准确性与一致性。

（3）发现模式：使用数据分析工具和技术，发现数据中的模式、规律及趋势。

（4）提取信息：根据数据的模式和规律，提取有意义的信息，深入挖掘数据的含义。

（5）形成概念：基于提取的信息，形成抽象概念或模型，并提供对实际问题的解释。

（6）验证结果：对形成的概念或模型进行验证和测试，确认概念或模型的有效性与准确性。

（7）应用结果：将概念或模型应用于实际问题中，提供对问题的解决方案或建议。

自下而上的数据梳理方法在各个行业中都有广泛的应用。下面列举几个应用场景。

- 金融行业：对大量的交易数据进行分析，分析人员采用自下而上的数据梳理方法，逐步对数据进行聚合和研究，从而更好地了解市场趋势与交易风险。
- 零售行业：对客户的购买行为进行分析，分析人员采用自下而上的数据梳理方法逐步对不同渠道来源的客户行为数据进行聚合和分类,从而更好地识别不同产品在不同渠道的销售情况与客户的购买偏好。

- 医疗行业:对大量的患者数据进行分析,自下而上的数据梳理方法能够帮助医生更好地掌握某个治疗方案在某类患者群体中的整体表现。
- 人力资源行业:对员工的绩效数据进行分析,更精确地研究绩效激励制度与员工表现之间的关系。
- 媒体行业:对大量的用户数据进行分析,分析人员采用自下而上的数据梳理方法可以更好地了解用户的兴趣和需求,优化广告投放策略。

自下而上的数据梳理方法适用于以下类型的指标。

- 细节指标:对于这些指标,需要对底层数据进行深入分析和梳理,以保证数据的准确性与完整性,如产品销售额、库存周转率等。
- 多维指标:对于这些指标,必须同时考虑多个因素的影响,需要对各种维度的数据进行梳理与整合,如客户满意度、市场份额等。
- 操作性指标:对于这些指标,需要从业务流程及操作层面进行分析和梳理,如生产线效率、客服响应时间等。

举例来说,某电商企业想要对其产品销售业绩进行数据分析和监控,可以采用自下而上的数据梳理方式,首先对各个销售渠道、销售地区、产品分类等进行细致的数据梳理与整合,然后从中提取出各种关键指标,如销售额、销售量、销售均价、销售费用投入等,进行数据分析和监控。这样可以提升指标体系的准确性和完整性,也更有利于后续的业务决策与优化。

4.2.3　可视化指标管理

目前在数字化领域较为领先的企业对于指标的管理,有朝着指标中台方向发展的趋势。通过可视化、系统化的工具，企业集中管理和标准化数据指标的定义、计算、存储、共享、展示等环节，实现数据指标的统一管理和灵活应用。具体来说，包括以下几个方面。

- 指标定义和管理：通过对指标的定义、计算、分类等进行标准化和统一管理，使不同部门与团队使用的指标具备一致性及可比性，避免指标定义和计算口径的混乱。
- 数据共享和交换：将标准化的数据指标通过 API 等共享给其他应用或团队，实现数据的高效共享和交换。
- 数据展示和可视化：利用可视化工具展示数据指标，以折线图、环形图、仪表盘等形式呈现数据变化趋势和关键指标。

企业通过可视化指标管理能够更加一目了然地发现数据中存在的问题，进而快速采取相应措施。例如，在某一指标数据突然下降时，企业可以迅速调整运营策略，以免数据进一步下降。因为无须在海量的数据报表中人工寻找关键信息，企业极大地提高了工作效率。另外，企业将数据指标以图表、报表等可视化形式分享给团队成员或领导层，方便共享、沟通，以及供领导层决策参考。

可视化指标管理的一般步骤如下所述。

（1）确定关键指标：关键指标通常与企业战略目标相关联。这些指标可以是财务指标、运营指标、市场指标、供应链指标等。在确定关键指标时，企业应该考虑指标的重要性、可操作性和可衡量性。

（2）收集指标数据：指标数据有不同的来源，如数据库、Excel 表格、日志文件、API 等。企业在收集数据时，需要注意数据的可靠性和准确性。

（3）设计可视化界面：可视化界面是指通过可视化设计将指标数据以图

表、表格、指针仪表等方式展示出来,直观地展现指标的趋势和变化的界面。

(4)分析指标数据:企业应理解指标之间的关系和趋势,进行有针对性的优化。在分析数据时,企业需要考虑数据的精度和完整性。

(5)实现和调整:在实现可视化指标管理后,需要进行测试和调整,确保仪表盘能够正确地展示数据和指标之间的关系。在调整时,企业需要考虑数据的更新频率、展示性能和用户反馈等因素。

大型电商平台会对海量的数据进行监控和管理。为了透彻理解业务运营状况和监控关键指标的变化趋势,大型电商平台往往会采用可视化指标管理方式,建立专门的数据监控平台,将需要监控的数据指标通过数据仪表盘进行展示,包括活跃客户数量、销售额、订单量、退货率、库存量等,从而清晰、便捷地掌握总体经营情况。

4.3　模型构建

模型构建是数据价值挖掘和智能应用的核心环节,通过构建模型使数据更有序,有利于企业更好地理解数据、发现隐藏在数据背后的规律,并以此为基础做出更加智能化的业务决策。本节主要介绍 4 种模型的构建步骤,包括指标模型、数据模型、算法模型和展示模型。

指标模型是为了评估和衡量企业运营和业务绩效而定义的关键指标。指标模型通过确定关键指标和相应的度量方法,帮助企业了解业务运营情况、发现问题和机会,并支持决策制定。

数据模型是指在数据治理过程中对企业数据进行逻辑和物理设计的抽象表示。数据模型帮助企业建立数据结构、厘清数据元素之间的关系,并确保数据的一致性、完整性和有效性。数据模型是指标计算的底层数据基础结构，反映了指标的定义、计算方法和数据来源等信息。

算法模型是数据治理中的一种高级技术手段，它用于发现数据中的模式、关联和规律，从而支持企业的数据分析与决策。算法模型可以应用于多种场景，如预测分析、聚类分析、分类分析等。在数据治理中，算法模型的构建需要依赖于数据的质量和完整性，因此数据模型和指标模型的正确性对算法模型的准确性至关重要。

展示模型是将数据治理过程中得到的结果以可视化的方式展示给用户的手段。展示模型可以采用图表、报表、仪表盘等形式，帮助用户直观地了解数据的情况、发现问题和趋势，并支持其决策与行动。展示模型所呈现结果的正确性依赖于指标模型、数据模型和算法模型的输出数据质量。

4.3.1 指标模型

在指标体系的搭建过程中，指标模型的构建是非常重要的一步。指标模型是指标体系的核心，包含指标的分类、组织、计算方法、权重、分值等信息。在实际应用中，企业需要不断地优化和改进指标模型，以适应不同的需求及变化。同时，企业需要注意指标模型的可解释性和业务价值描述，以便于相关人员的理解与使用。

指标模型的构建步骤如下所述。

（1）确定指标分类：将指标按照其性质和作用进行分类，如对财务指标、市场指标、生产指标、人力资源指标等进行分类，以便于组织和管理。

（2）建立指标体系结构：在指标分类的基础上建立指标体系的结构，包括指标的分层和分组。

（3）明确指标定义和计算方法：对于每个指标，明确其定义和计算方法，确保指标的准确性与可复用性。

（4）建立指标之间的关联关系：在指标模型中，不同指标之间有可能存在相关性，需要建立相应的关联关系，以便于分析和挖掘。

（5）优化指标模型：根据实际应用需求和数据变化，对指标模型进行优化和改进，包括增加、删除、调整指标和调整分值范围等，以使指标模型更加适应实际业务分析场景。

数据指标分为基础指标、衍生指标和复合指标三大类。

- 基础指标较为常见，数量众多，可直接计算。例如，订单数量、会员人数、商品数量、销售金额等。

- 衍生指标是指利用多个基础指标进行计算，得到新的指标。例如，月活跃用户数量、复购率、营销活动转化率等。

- 复合指标通常指数据的对比，如同比会员增长率、环比销售增长率等。

指标体系可以采用分层目录结构，按照业务板块来设置财务、营销、生产等二级结构目录，而三级目录结构中又可以包含基础指标、衍生指标、复合指标等不同的指标类型，如图 4-4 所示。

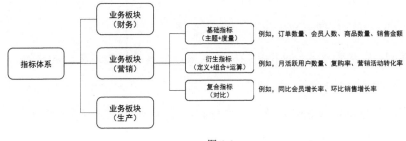

图 4-4

在实践中，指标模型的构建会遇到以下难点和需要注意的问题。

- 定义指标的度量方法：指标的度量对于指标模型的构建至关重要。好的指标度量方法应该具备准确性、可靠性、可比性、可解释性和可操作性。在构建指标模型之前，企业要对每个指标的度量方法进行仔细的论证和研究，确保每个指标都能够被准确地度量及解释。

- 确定指标之间的关联性：指标之间的关联性是指标模型中最难处理的问题之一。在指标模型的构建过程中，不同指标之间的相互作用和影响是企业必须考虑的要素。

- 确定指标的权重：衍生指标由多个基础指标综合计算而成。企业在计算过程中需要考虑各个指标的权重。例如，供应商综合评价得分、客户满意度评分之类的指标。在确定指标的权重时，企业应该考虑各指标之间的重要性、贡献度和可操作性，并根据实际情况进行量化与调整。在实际应用中，企业常采用专家评估、层次分析等方法来确定指标的权重。

- 适应不同的业务场景：指标模型应该能够适应不同的业务场景和需求，因此企业在指标模型的构建过程中应该评估各种因素，如业务目标、市场竞争、行业规模、管理模式、组织特点等。同时，企业要保证指标模型的设计具有可扩展性和可更新性，以便在业务变化时能够及时进行调整及优化。

案例：某电商公司通过搭建指标体系来评估其市场表现和业务绩效，需要从客户价值、总体运营、销售转化、商品等不同维度来设计一级指标类目，确定每个类目重点包含哪些核心的指标。例如，总体运营指标包括订单效率指标、流量指标、销售业绩指标、整体指标等二级指标，对二级指标类目进一步分解，可以得到总订单数量、销售额、销售毛利、毛利率、订单满意度等三级指标，如图 4-5 所示。

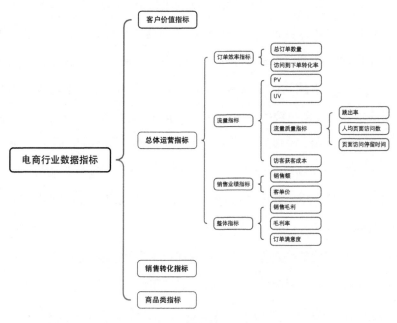

图 4-5

对于这些指标的度量方法，该电商公司必须根据不同的指标类型和业务需求进行仔细的论证与研究。指标之间会存在关联性。比如，销售额和总订单数量之间存在较强的相关性，但是订单满意度可能受到其他因素的影响，这就有必要通过数据分析和模型建立来确定各指标之间的相互作用与影响。同时，该电商公司应该权衡各指标的重要性和贡献度，如有时销售额可能比订单满意度更为重要。进一步，该电商公司还要考虑到市场竞争、行业规模等因素。例如，在不同的季节或促销活动期间，各指标的重要性和贡献度也许会发生变化，因此该电商公司有必要设计具有可扩展性及可更新性的指标模型。

在明确各项数据指标的定义和参数时，多个部门之间的利益和业务范畴的差异最终可能会导致某些参数难以达成共识。例如，销售额是一个容易因各个部门利益不一致而扯皮的指标，原因是销售额的计算方式会因不同部门的不同看法和利益诉求而出现不同的计算口径。例如，销售部门希望将退货和折扣等因素纳入计算范围，而财务部门更倾向于以实际收入为基础进行计算。此外，销售额的计算还受营销策略、客户数量、产品定价、促销活动等因素的影响，这些因素同样会引起各个部门间的利益冲突。因此，该电商公司需要在明确销售额指标的定义和参数时，加强各个部门之间的沟通和协商，甚至上升到更高级别的管理层，确保达成共识，避免因利益冲突而导致摩擦。

由于各个部门的利益不一致，容易在以下参数上出现不同意见。

- 客户数量：不同部门会有不同的定义和计算方法。比如，营销部门认为任何已经注册过的用户都是客户，而销售部门认为只有有过交易的用户才是真正的客户，这会导致两个部门计算出来的客户数量不一致，难以达成共识。

- 客户类型：销售部门根据订单金额将客户分为大客户和小客户，市场部门则根据潜在销售可能性的大小将客户分为潜在客户和现有客户。

- 销售额：销售部门通常想要计算所有的销售额，包括折扣、退款等，而财务部门会更倾向于只计算实际收到的款项，这就造成不同口径计算出来的销售额不一致。

- 成本：不同部门会有不同的成本定义和计算方法。比如，生产部门会把原材料、人工等全部算入成本，而销售部门只算销售成本和部分间接成本。

- 时间周期：财务部门习惯以自然月为一个时间周期，销售部门则以双周为一个时间周期。
- 客户满意度：客服部门认为解决问题的速度和准确度是最重要的，而营销部门更看重客户的重复购买意愿及忠诚度。
- 利润：销售部门只算销售利润，而财务部门会把所有的成本都考虑进来。

建立数据指标模型之后，该电商公司可以为每个数据指标创建一份数据指标登记卡，记录指标的详细信息。数据指标登记卡类似指标的身份档案，记录了指标的名称、定义、计算方法、数据源等信息。它有助于该电商公司更好地理解和使用数据指标。数据指标登记卡可以存储于数据治理平台，在数据资产目录产品中实现，并通过数据资产门户提供查询和访问的渠道，方便使用。

数据指标登记卡的格式及内容如图 4-6 所示。

数据指标登记卡

指标名称	销售额	指标编号	SAL-XXX-008
指标分类	营销域	指标Owner	销售事业部
计量单位	人民币	值类型	季度累计值、当日累计值
报告频率	周、月、季度、年度	应用维度	地域、业务板块、产品、时间
应用主题	销售业绩分析	计算公式	按维度统计，求和
数据来源	销售系统、经销商订货系统	使用限制	仅限公司内部使用，不得向外公开
存储精度	以元为单位，保留2位小数	关联指标	利润率、成本等
展示精度	以元为单位，不保留2位小数	更新频率	每日
指标描述	商品配送给客户，客户签收后，确认销售业绩达成		
相关业务规则	退货数据需在当天同步更新，不能包含任何形式的赠品销售额		
取数规则	各个成员公司取发货数据，数据经过审核后由集团统一发布		
分析方法	同比、环比、趋势分析、达成情况分析、明细分析		
应用报表	销售业绩达成表、销售排名分析、月度经营分析		
预警判断规则	与计划值做比较。绿灯：大于计划值；红灯：小于计划值的80%；黄灯：其他情况		

图 4-6

4.3.2　数据模型

指标体系搭建完毕，在将其推广应用的过程中，数据模型的构建是非常重要的一步。数据模型是指标计算的底层数据基础结构，它反映了指标的定义、计算方法和数据来源等信息。数据模型通常包括概念模型、逻辑模型和物理模型，它们分别从不同的角度描述数据的组织与存储方式。在实际应用中，企业需要不断优化和改进数据模型，以满足不同的需求。

在数据模型中，概念模型、逻辑模型和物理模型是 3 个不同层次的模型，分别用于表示数据在不同抽象层次上的特点及关系。

概念模型是最高层次的抽象模型，它关注的是数据的业务概念和实体之间的关系，而不涉及具体的技术实现细节。概念模型通常使用实体关系图或类图来表示，其中实体代表业务实体、关系表示实体之间的联系。概念模型主要用于在业务领域中描述和理解数据实体及其关系，为业务决策提供支持，如图 4-7 所示。

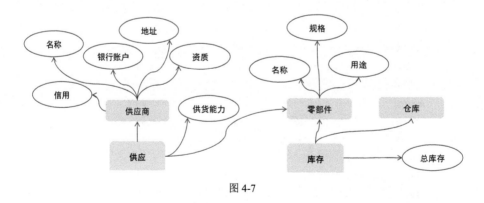

图 4-7

逻辑模型介于概念模型和物理模型之间，它对数据进行了更加详细、具体的描述，但仍不涉及特定的数据库技术或存储细节。逻辑模型通常使用实体-属性-关系图或数据流图来表示，其中实体、属性和关系更加细化，以更准确地描述数据之间的联系和数据的属性，如图 4-8 所示。

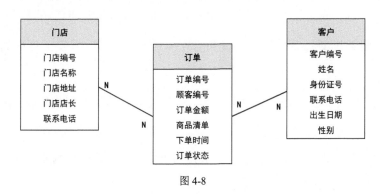

图 4-8

物理模型是底层的模型，它描述数据在特定的数据库管理系统（Database Management System，DBMS）或存储技术下的实际存储方式和结构。物理模型包括具体的数据库表、字段、索引、分区等信息，用于指导实际数据库的创建和管理。物理模型通常针对特定的数据库管理系统，如 MySQL、Oracle、SQL Server 等。

这 3 个模型之间存在着紧密的关系。概念模型提供对业务领域的高级抽象描述，逻辑模型在此基础上进一步细化数据和关系，而物理模型根据逻辑模型指导具体的数据库设计和实现。在数据治理和数据库设计过程中，概念模型和逻辑模型的设计是先行的，它们可以帮助数据治理项目团队和数据库管理员理解业务需求及数据结构，从而有效地设计与优化数据库。数据模型的建立过程是一个逐步细化的过程，从高层次的概念模型到逻辑模型，再到物理模型，保证数据在不同层次上的一致性和有效性，为数据管理与数据应用提供坚实的基础。

数据模型的构建步骤如下所述。

（1）明确指标的定义：在构建数据模型之前，每个指标的定义都要明确无误。指标的定义应该精确、清晰，避免出现歧义和误解。

（2）确定指标的计算方法：每个指标的计算方法都应该明确、简单。同时，数据模型必须考虑到数据的可获得性和可靠性，以保证指标的数据可用性。

（3）建立指标与数据的映射关系：指标要与具体的数据相对应，因此要建立指标与数据的映射关系。

（4）设计数据表结构：在建立数据模型时，需要设计数据表结构。数据表结构应当简单明了，具有良好的可扩展性和可维护性。同时，数据模型必须考虑到数据的存储方式和查询效率。

（5）选择合适的数据库管理系统：根据数据的规模和处理需求，选择合适的数据库管理系统。一般来说，关系数据库和数据仓库比较适合指标体系的数据存储与查询。

（6）进行数据采集和存储：采集数据时，应该按照预定的数据表结构进行存储。同时，数据模型需要考虑到数据的时效性和准确性，以确保数据的质量。

（7）编写数据处理程序：根据指标的计算方法，编写数据处理程序。数据处理程序应具有高效性和易理解性。

4.3.3　算法模型

算法模型与指标的具体取值计算逻辑有关，影响指标数据的准确性。大多数基础指标、比率指标、同比/环比类指标的计算过程只需要进行简单的四则运算，部分稍微复杂的指标的计算过程会用到加权求和、加权平均等简单数据公式。

复杂的预测类指标可能会用到高阶算法，算法模型的构建过程需要运用机器学习方面的知识来完成训练。图 4-9 所示为一个销售预测算法模型的构建过程。从原始数据中选出训练数据集和测试数据，选择与销售相关性强的特征，计算特征向量。根据不同的产品场景选择时间序列、机器学习、模型融合等算法，构建销售预测算法模型。使用测试数据对销售预测算法模型进行验证，得到最终结果。

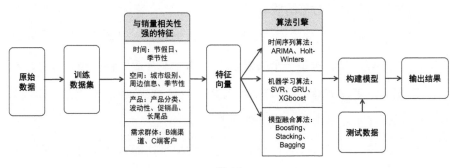

图 4-9

算法模型的构建步骤如下所述。

（1）明确分析目的：如分析市场趋势、预测销售额、供应链风险预警等。

（2）收集数据并进行清洗：确保数据的准确性和完整性。

（3）选择合适的算法：常见的算法包括回归分析、聚类分析、决策树、神经网络、机器学习等。

（4）构建模型并进行训练：利用样本数据进行训练，以调整模型参数和优化模型性能。

（5）评估模型性能：包括模型的准确率、精度、召回率等指标。如果模型性能不够理想，就要对模型进行调整和优化。

（6）利用模型进行分析和预测：根据分析结果和预测结果，辅助决策者做出相应的决策。

在指标体系的搭建过程中，算法模型的构建会遇到以下困难。

- 数据质量问题：算法模型的准确性和可靠性在很大程度上取决于输入数据的质量。在构建算法模型时，也许会遇到数据缺失、不完整、不一致、存在异常值或噪声等问题。这些问题需要在搭建算法模型之前通过数据清洗和预处理方法加以解决。尤其是用于训练模型的数据，必须保证数据的质量。

- 特征选择难：在构建算法模型时，确定哪些特征对算法模型的预测能力具有重要影响是一个关键步骤。选择不合适的特征会导致算法模型的准确性下降。特征选择涉及相关业务领域知识、统计方法和机器学习技术等多个方面的综合考虑。

- 模型复杂度和过拟合：在模型复杂度和泛化能力之间找到平衡点并不容易。过于复杂的算法模型可能会引发过拟合现象，即在训练数据上表现良好，但对新数据的预测性能较差。为避免发生过拟合现象，算法模型需要使用诸如正则化、交叉验证等技术。

- 模型可解释性差：许多先进的机器学习算法（如深度学习）通常具有较低的可解释性。在这种情况下，企业必须权衡算法模型的性能与可解释性。

- 算法选择障碍：在众多机器学习算法中进行选择是一项具有挑战性的任务，企业要综合考虑模型性能、可解释性、计算资源等多个因素。

4.3.4 展示模型

展示模型的构建是数据分析和可视化的重要组成部分。展示模型通过各种折线图、柱状图、饼图、散点图等可视化图形，直观地呈现指标体系中各种指标的数值结果、相互关系和变化趋势，便于理解和使用，如图 4-10 所示。

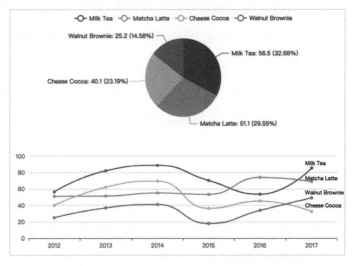

图 4-10

构建高效且易于理解的展示模型需要关注以下要点。

- 明确目标：在构建展示模型之前，需要明确目标、确定要传达的信息和要解决的问题。这将有助于企业选择合适的展示模型和可视化技术。

- 选择合适的可视化类型：根据数据类型和目标，选择合适的可视化类型。常见的可视化类型包括折线图、柱状图、饼图、散点图、地图、报表等。

- 注重可读性：确保图表中的文本、标签和图例具有较高的可读性。图表中应选择合适的字体、字号和颜色，避免使用花哨的字体或过小的字号，以免影响用户的阅读体验。恰当地使用颜色和对比可以强调关键数据与趋势，帮助用户快速理解图表中的信息。图表中应选择一种与背景形成对比的颜色来突出关键数据点，同时确保颜色的使用符合常规的视觉识别规律。

- 提供交互功能：根据需要为数据展示模型提供交互功能，让使用者更深入地探索数据，发现潜在的数据特征。例如，可以提供数据筛选、排序、统计等功能，以便用户根据需求自定义"数据展示"。

- 测试和反馈：在构建展示模型过程中，定期进行测试和收集用户反馈。根据反馈优化展示模型，以提高可用性和用户满意度。

展示模型的构建是一个需要综合考虑多方面因素的过程，在该过程中可能会遇到以下难点。

- 数据质量问题：低质量的数据将会给出误导性的可视化结果。在构建展示模型之前，应该对数据进行清洗和预处理，消除缺失值、异常值、不一致性等问题。

- 合适的可视化类型选择：选择合适的可视化类型对于展示模型清晰、有效地传达信息至关重要。不同的数据类型和分析目标需要匹配不同的可视化类型。在众多可视化类型中进行选择是一项具有挑战性的任务。

- 视觉表现力与简洁性的平衡：在设计展示模型时，必须在视觉表现力与简洁性之间找到平衡。过于复杂的设计会使用户难以理解，而过于简单的设计无法突出关键信息。找到恰当的平衡点是一项困难的任务。

- 用户体验：不同背景的用户对数据的关注点会存在差异，构建易于使用且具有高度用户体验的展示模型应该综合考虑各方需求。企业需要关注展示模型的交互设计、界面布局、图表元素的可读性等方面，让用户能够轻松地理解和探索数据。

- 多元化的用户需求：不同领域和背景的用户对展示模型有不同的需求和期望。满足多元化的用户需求，同时保持展示模型的通用性和可扩展性，是构建展示模型的一个难点。

- 设备兼容性：随着移动设备的普及，展示模型需要适应不同尺寸和分辨率的屏幕。在构建展示模型时，企业需要关注设备兼容性和响应式设计，确保展示模型的展示效果在各种设备上都有良好的表现。

- 实时性与动态展示：对于需要实时更新的数据，如何在展示模型中实现实时性和动态展示是一个挑战。企业需要关注展示模型的数据更新机制、动态可视化技术及性能优化等方面。

案例：某在线教育平台的指标体系涵盖许多不同的指标，如用户数量、课程数、课程完播率、访问量、注册量、活跃用户数、付费率、续费率等。这些指标用于反映平台的运营情况。其在构建展示模型的过程中的难点是如何确定优先展示哪些指标、以什么形式呈现、如何组织这些指标的层次关系。例如，在决定展示哪些指标时，必须综合考虑该平台当前阶段的首要业务目标、使用者的关注重点、可视化工具的功能限制等；在确定展示形式时，必须思考如何让用户容易理解和比较各个指标之间的关系，如使用图表、表格等。

4.4　主数据管理

主数据是指对于业务活动有着重要意义、被多个业务系统或业务流程共享的核心数据集合。主数据通常包括客户、产品、供应商、地点、物料、员工等业务实体，它们是业务过程中重要的参与对象，必须保持一致性和准确性。

主数据是既核心又重要的数据，不仅是业务流程和业务决策的基础，还是数据治理和数据管理的重要对象。多数时候，主数据由专门的数据治理项目团队或部门负责管理和维护。主数据在被录入系统之后，要经过专门的审批发布流程，确认符合数据标准后才能生效，并在各个业务系统间进行数据同步。

主数据管理的目标是建立一套全面、准确、一致的主数据集合，支持业务流程和业务决策的需求，并保证主数据的可维护性和易用性。主数据管理应覆盖主数据的完整生命周期，采用合理的数据模型、数据规范及数据管理流程，确保主数据的可用性和可靠性。

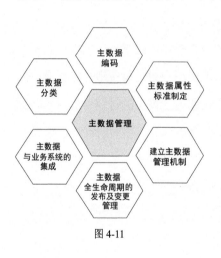

图 4-11

主数据管理的主要工作范围不仅包括从主数据分类、编码、属性标准制定到主数据全生命周期的发布及变更管理、主数据与业务系统的集成等内容，而且需要建立与之配套的主数据管理机制，如图 4-11 所示。

在实际应用中，主数据的管理和维护往往需要借助一些专门的工具和技术，如主数据管理系统（Master Data Management，MDM）、数据仓库、数据湖等，以支持主数据的发布、审核、生效、冻结、归档、同步等需求。

4.4.1　主数据编码

主数据编码是为主数据分配唯一标识符的过程，以确保数据的一致性和准确性。主数据编码关系到企业的数据质量和数据管理。合理的编码方式和有效的管理机制可以提升企业的数据质量。

以下是主数据编码方面的一些实践经验总结。

- 设计规范的编码规则：主数据编码应具有清晰、简洁且规范的结构，编码规则应易于理解和实施。

- 保持唯一性：要确保主数据编码在整个组织或系统中是唯一的，避免数据重复或冲突，可以使用自动生成的唯一标识符（如 UUID）或递增的序列号来实现。

- 可扩展性：编码规则应具有良好的可扩展性，能够适应业务和数据的变化；应预留足够的编码空间，以便将来可以方便地扩展或修改编码。

- 分类和层次化：在编码规则中引入分类和层次结构，有利于企业更好地组织及管理主数据。例如，物料编码，将编码分为不同的部分，分别表示数据的类别、子类别、属性等。

- 遵循国际和行业标准：在可能的情况下，遵循国际和行业标准进行主数据编码。这有助于提高数据的互操作性和可重用性，降低数据集成的复杂性。

- 具有可读性：尽量让主数据编码具有一定的可读性，便于用户理解和使用。当然，可读性需要在保证唯一性和可扩展性的前提下进行考虑。

- 版本控制：应对主数据编码实施版本控制，以便跟踪数据的变更历史。当数据发生变更时，可以为其分配新的编码或版本号，以确保数据的一致性和准确性。

- 自动化生成和校验：使用自动化工具和程序生成及校验主数据编码，以提高编码的准确性与效率、减少人为错误、降低数据质量风险。

常见的几种编码方法包括顺序码、层次码和组合码。企业需要根据具体的业务需求和数据特点来选择合适的主数据编码规则，有时也可以结合多种编码规则，根据主数据的不同属性和特征进行综合编码，并确保编码规则的唯一性、稳定性和易于维护。表 4-1 所示为几种编码方法的优缺点。

表 4-1　几种编码方法的优缺点

编码方法	说明	优点	缺点
顺序码	适用于需要简单而连续的编号的场景,如发票编号、订单编号等	简单易懂:顺序码是按顺序递增的数字或字符，易于理解和使用。 唯一性:每个顺序码都是唯一的，便于数据标识和区分。 容易使用:能快速赋予代码值。 稳定:采用顺序码编码的物料，调整物料分类,不影响物料编码	没有实际含义:顺序码本身没有任何实际含义，难以快速识别数据。 扩展困难:如果需要扩展编码规则或插入新数据，则可能需要重新编码或调整现有编码，这会影响数据的稳定性和一致性。编码对象的分类或分组不能由编码表达式来决定
层次码	适用于需要按照层级结构进行分类和标识的场景，如组织机构、产品分类等	结构化:层次码基于数据的层次结构，具有层级关系，易于识别和组织数据。 可读性强:层次码通常使用字母、数字或符号表示，可以传达一定的含义，便于理解，易于编码对象的分类或分组，易于在较高的层次结构上汇总统计	复杂性:层次码的层级结构可能相对复杂，需要更多的规则及规范来管理和维护。 层级限制:层次码的层级数量有限，可能无法满足某些业务需求或扩展性，限制了理论容量的利用。 缺少弹性:调整数据所属的层级后，编码要重新调整
组合码	适用于需要综合多个属性或特征进行标识和分类的场景，以及复杂产品、多维度分类等。例如，医疗领域的医疗编码、汽车制造业中的车型编码等	多维度标识:组合码结合多个属性或特征，能够提供更丰富的数据标识和描述。 灵活性:组合码可以根据业务需求进行定制，适应不同的数据分类和识别要求。代码值容易赋予	复杂性:组合码的规则和组合方式可能相对复杂,需要更多的管理和维护工作。 可读性较差:如果组合码包含大量的字符或数字组合，可读性可能较差,不易于快速识别和理解

主数据编码的难点如下。

- 保持一致性：设计一套适用于组织内部各种业务需求的编码规则，需要权衡可读性、唯一性、可扩展性等多个方面，要确保编码规则既易于理解，又能适应业务变化，这本身就不容易，而在业务部门之间保证多个系统中主数据的编码规则得到落实，更是极大的挑战。企业必须建立一套主数据管理机制，以保证编码在整个组织范围内一致。

- 适应业务和数据变化：随着业务的发展和数据量的增加，主数据编码需要进行扩展或修改。因此，企业应针对主数据编码设计具有良好可扩展性的编码规则，以便在未来可以扩展或调整。这依赖于设计者的经验。而选择国际标准或行业标准，需要相关人员对各种标准进行研究和比较，同样需要不少的资源投入。

- 数据迁移和集成：在实施主数据编码时，必须进行历史数据迁移和集成。这不可避免地涉及大量的数据清洗、转换和验证工作，工作量可能会很大。

- 推广和培训：主数据编码的成功实施需要得到组织内部各个层级和部门的支持；需要进行推广和培训，以确保员工理解并遵循编码规则。

- 持续改进：随着业务和技术的发展，主数据编码需要不断进行优化和改进。因此，企业需要建立一套持续改进的机制，以便及时发现和解决编码中的问题。

主数据编码应当化繁为简，这样才能便于管理。多数情况下，企业会使用系统自动生成的流水码作为主数据编码。主数据编码用于机器识别，重点解决的是异构系统之间的数据映射问题，这是数据集成的基础。

在实践过程中，要结合具体业务应用的场景来精心考虑是一个编码还是多个编码的问题。下面以物料主数据为例进行说明。

- 某物料，供应商不同，进行主数据管理是选择设置一个编码还是多个编码？一般来说，设计环节、生产环节只需要一个物料码，而财务成本是需要分开核算的。如果仓库实行分区管理且不同供应商的价格变动大，影响到了产品成本，则建议设置多个编码。如果仓库的库位没有分区管理，无法区分实物是属于哪家供应商的，价格变动较小，则建议设置一个编码。

- 某物料，型号、规格相同，颜色不同，进行主数据管理是选择一个编码还是多个编码？通常情况下，物料管理颗粒度也反映着企业管理的颗粒度。如果是实行精细化管理的企业，则要进行分码管理。虽然是同一物料，但不同的型号、规格、制造成本、颜色可能面对的细分市场/客户受众不同，价格和销量也不一定相同。在这种情况下就要设置多个编码。

4.4.2　主数据集成

为了让主数据在企业中得到一致和正确的使用，必须将其集成到业务系统中，以便各个部门都可以使用相同的数据。在实际应用中，企业应当根据具体情况和需求选择适合的集成方式。

主数据与业务系统集成的主要方式如下。

- 手工数据导入：手工将主数据导入业务系统。这种方式适用于数据量较小、更新频率较低的情况，成本较低但效率也较低，容易出现数据重复或错误。

- API 集成：API 集成是一种用于将不同应用程序连接起来的常用技术。通过 API 集成，主数据可以在不同的业务系统之间共享，从而确保数据的一致性和准确性。

- ETL 集成：通过 ETL 集成工具，可以将主数据从一个系统中抽取出来，进行转换和清洗，然后加载到另一个系统中。

- 数据仓库集成：通过数据仓库集成，主数据可以被存储在一个中央位置，并在需要时从不同的业务系统中提取出来使用。

- 服务总线集成：服务总线是一种允许不同的系统相互通信的软件组件。通过服务总线集成，主数据能够在不同的业务系统之间进行通信，并确保各个系统中的数据一致性。

选择合适的主数据管理系统与业务管理系统集成方式，需要考虑以下方面。

- 数据集成需求：企业应明确集成哪些数据，数据更新频率如何，数据格式如何等。

- 业务需求：企业应根据不同的业务需求来选择合适的集成方式。例如，有些业务系统需要实时查询主数据，有些则只需要定期同步数据。

- 系统复杂度：系统的复杂度也是企业选择集成方式需要考虑的重要因素之一。例如，系统间数据传输的频率、数据量大小和业务系统改造的难度等。

- 技术实现：不同的集成方式需要不同的技术支持，企业应考虑自身的技术能力和资源情况。

- 成本和效益：企业最后应该综合考虑不同集成方式的成本和效益，选择最合适的集成方式。

4.4.3　主数据范围识别及难点分析

通常来说，会计科目、客户、供应商、银行账户、员工、组织机构等属于企业的主数据管理范围。此外，项目、产品、物料、设备、仓库、BOM、地址、价格、促销政策等数据类型是否要作为主数据来进行管理，就需要企业根据自身的特点来综合判断。

企业在进行主数据范围识别及难点分析时需要考虑以下几个因素。

- 重要性和广泛性：主数据是组织中最重要、最广泛使用的数据，对业务运营和决策具有重要影响。如果某个数据在多个业务领域中频繁被使用且对整体业务流程产生了重要影响，那么它可能适合被定义为主数据。

- 数据一致性和准确性：主数据需要具备高度的一致性和准确性，以确保不同业务系统中的数据保持同步。如果某个数据的一致性和准确性对整个企业的业务流程至关重要，则其可能适合被定义为主数据。

- 数据集成和共享需求：主数据通常需要在不同的业务系统之间进行集成和共享，以支持跨部门或跨组织的数据流动及协作。如果某个数据需要在多个业务系统之间进行共享和集成，则其可能适合被定义为主数据。

- 数据的业务规则和标准化程度：主数据需要遵循一定的业务规则和标准化程度，以确保数据的一致性及可比性。如果某个数据需要遵循严格的业务规则和标准化要求，并且需要在不同业务系统中进行统一管理，则其可能适合被定义为主数据。

在主数据管理项目实践中，确定一个数据类别是否需要作为主数据来管理，需要综合考虑数据的重要性、广泛性、一致性、准确性、集成需求、共享需求，以及业务规则和标准化程度等因素。同时，主数据管理项目团队需要与业务部门及利益相关者进行充分的沟通和讨论，以确保最终的决策符合企业的实际需求和业务目标。

主数据管理系统的实施并非一蹴而就，而是可以分阶段进行的。既然主数据是一个相对的概念，那么需要有方便操作的办法来划定实施范围。即便一个数据作为主数据来管理是很有业务价值的，也未必会在一开始就被纳入主数据管理系统的管理范围内，因为项目实施还需要兼顾时间、成本和操作的难易程度。

企业可以利用主数据识别分析矩阵对主数据进行多维度评估，从业务影响程度、数据共享程度等维度对主数据的重要程度进行评分；结合数据管控难易程度分析，从数据管理成熟度、数据统一难易程度等不同的评价角度给出分值；同时，从数据的业务价值、数据可用性及可信度等角度来测算数据标准化急迫程度。将各个维度的得分相乘，得到总分数，对总分数排名，获得该数据作为主数据管理实施的优先级，如图 4-12 所示。

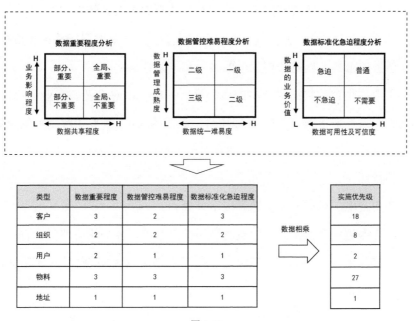

图 4-12

　　企业在进行主数据管理的过程中必须建立规范的管理流程和体系，采用主数据管理工具和平台，引入自动化工具和技术，确保主数据的准确性、一致性和可靠性。

　　主数据管理的关键步骤如下。

　　（1）建立数据治理组织：成立数据治理委员会，明确主数据的定义和标准，制定数据管理策略及规程，督导各项数据管理制度得到真正的落实。

　　（2）完善主数据管理流程：制定主数据的管理流程和标准规范，包括数据采集、数据验证、数据标准化、数据质量管理、数据分发等环节。

　　（3）建立数据字典：明确数据元素的定义、取值范围、数据类型、数据来源等信息。

　　（4）部署主数据管理平台：集中管理企业的主数据，覆盖主数据全生命周期的各个阶段，同时支持多个应用系统的数据接入和数据交换。

　　（5）引入自动化工具：引入能自动完成数据采集、数据标准化和数据校验等任务的工具，提高数据处理的效率和准确性。

　　主数据是企业数据资产中的核心资产，应当由对企业核心业务价值链都熟悉的人员来管理。例如，管理物料主数据的人员，既要了解物料的来源、用途、价值、关键特征，也要了解物料在设计、生产、仓储、物流和售后等环节的特性。

　　在实践中，我们可能会遇到以下难题。

- 主数据权责难确定。主数据属于通用数据，各个业务部门都有需求。好像由任何相关的部门来做主数据的 Owner 都有合理性，正因如此，主数据反而容易处于"三不管"地带。因为，一旦主数据有问题，数据的 Owner 就会受到使用方的责难。在没有高层领导介入时，几乎没有哪个部门会愿意主动承担主数据源头录入工作，因为怎么看这都是一件费力不讨好的事情。

- 主数据标准难统一。各业务职能部门要对主数据颗粒度、数据维护时间点、维护规则进行标准统一，这件事情说起来容易，真正做起来就会发现众口难调。一般来说，主数据的颗粒度如果属于通用颗粒度，则可以采取"就细不就粗"的原则，因为细颗粒度的主数据可以通过自动汇总累加的方式形成粗颗粒度的主数据。

- 主数据标准难落地。老系统多，标准套装软件多，将主数据标准在这些异构的老系统中落地很难。历史数据的处理是企业在进行主数据标准落地时需要面对的难题。对于历史数据，想要简单粗暴地一次性彻底解决老系统的主数据问题并不容易，需要结合现实场景来分析如何处理历史数据比较合适，毕竟老系统可不是说改就能改的，即便能改，成本和时间也是需要慎重考虑的大问题。

4.5　元数据管理

元数据管理指的是对数据本身的描述信息进行管理的过程。这些描述信息可以包括数据的结构、格式、分类、内容、来源、历史、质量和关系等。企业进行元数据管理的目的是提高数据的可理解性、可管理性和可重用性。

元数据管理是数据管理的重要组成部分，它在数据治理、数据架构、数据集成、数据分析等方面发挥着重要作用。简单来说，元数据管理就是对数据的"数据"进行管理。通过对元数据的定义、收集、存储、维护和利用，可以更好地管理和利用数据资源，提高企业的业务价值和竞争力。元数据管理有利于企业更好地理解和管理数据，提高数据的质量和价值。通过元数据管理，企业可以了解数据的来源、含义、用途、约束和规则，从而更好地进行数据集成、分析和共享。

相对而言，主数据管理的优先级会比元数据管理的优先级高一些。但 IT 部门一般会更关注元数据。

元数据管理系统是一种专门用于管理和维护元数据的软件系统。通过使用元数据管理系统，企业可以定义数据模型、数据字典、数据词汇表等元数据，使数据得到清晰的定义和分类。元数据管理系统可以追踪数据的来源、流向和用途，帮助企业了解数据的血缘关系。企业通过数据血缘分析，准确理解数据的来源、变化和用途，从而更好地控制数据的质量和安全性。在元数据管理系统中，企业可以设置元数据的技术属性、业务属性和管理属性，确定数据质量规则。

一个完整的元数据管理解决方案需要对元数据的整个生命周期进行管理，企业必须建立组织、管理及技术方面的保障支撑体系来推动元数据管理工作的有序进行。从软件功能方面来看，元数据管理解决方案可以划分为元数据应用、元数据功能层和元数据存储层。在元数据应用中提供各种直接服务于用户的功能。在元数据功能层，完成元数据采集、管理维护和元数据分析等处理，为各种类型的元数据应用提供服务。元数据存储层中对业务元数据、技术元数据、管理元数据等进行持久化存储。图 4-13 所示为元数据管理的整体框架参考。

元数据就像一幅描述所有数据位置的地图。在这张关于数据的地图中记载着总共有哪些数据、数据分布在何处、数据是什么类型、数据有什么业务含义、数据如何被管理、数据之间的关系如何、哪些数据经常被引用等。

数据资产管理目录就建立在元数据之上。

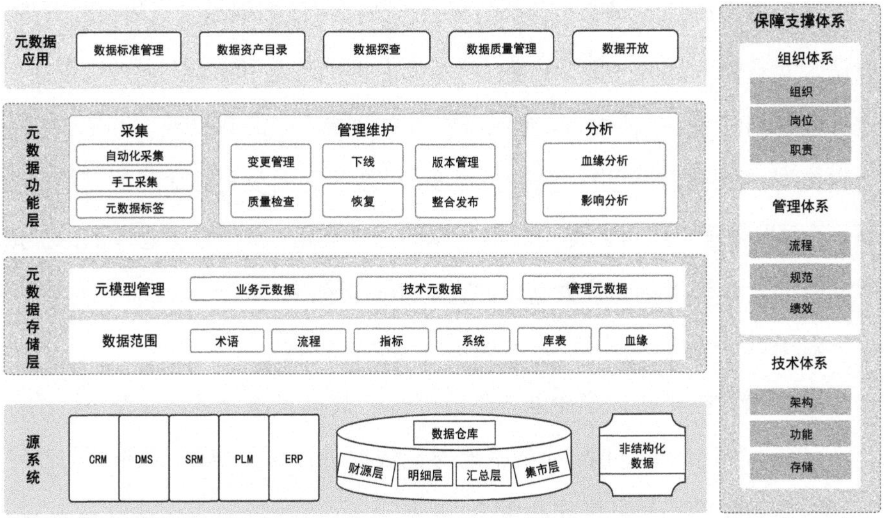

图 4-13

元数据包括技术元数据、业务元数据和管理元数据等不同类型，如下所述。

- 技术元数据：数据的物理特性、数据存储结构（数据库表结构、字段含义）、数据处理流程（ELT 程序、SQL 程序）、数据传输协议等。

- 业务元数据：数据的业务含义、业务流程、业务指标、业务术语、数据所有者、数据质量要求等。

- 管理元数据：数据的生命周期、数据管理政策、数据 Owner、数据安全要求、数据访问权限等。

元数据可以通过多种方式来获得，包括数据库直连、数据接口、日志文件解析等技术手段。企业在采集完元数据后，要对元数据进行冷热度分析、血缘分析、影响性分析，并生成数据资产地图等应用。

4.5.1　应用场景

对业务系统的数据库中各个数据表、数据字段的用途进行描述和管理，就属于元数据管理的一部分内容。在数据仓库的构建和管理过程中，也需要进行元数据管理。具体而言，企业需要对数据仓库中的数据表、字段、关系、数据类型、业务规则等进行描述和管理，以便相关人员更好地理解与使用数据。元数据管理不仅可以提高数据仓库的可管理性、减少数据仓库的维护成本和时间，还可以提高数据仓库的查询和分析效率。

对于以下情况，企业需要考虑进行元数据管理。

- 大量数据来源：当企业内部或外部的数据来源众多，涉及不同的系统、部门和业务时，企业需要对元数据进行统一管理，以便更好地了解数据的来源、格式和用途。

- 数据集成和共享：通过元数据管理获得数据的统一视图，帮助企业了解数据之间的关系和依赖，简化数据集成与共享的过程。

- 数据仓库和大数据项目：在实施数据仓库和大数据项目时，企业可以通过元数据管理来定义数据标准和规范、盘点基础数据位置、建立数据模型等。

- 数据治理需求：在开展数据治理项目时，通过对元数据的管理，可以推动数据的标准化和一致性。

- 数据安全和合规性：元数据管理可以帮助企业识别敏感数据、盘点数据访问和使用情况，提升数据的安全与合规性。

4.5.2　难点及案例分析

企业在进行元数据管理的过程会遇到数据来源复杂、定义和标准化难度大、管理平台建设难度大、管理流程难以落实、与业务流程融合难度大等困难。

企业应该制定有效的策略和方法来解决这些困难，提高元数据管理的效率。

企业在进行元数据管理的过程中具体会遇到以下困难。

- 元数据来源复杂：企业数据通常来自不同的系统、应用和数据仓库，这些数据的结构和格式也不尽相同。在进行元数据管理时，企业应当考虑建立统一的元数据模型。限于技术条件和资源约束，部分老业务系统中的数据结构模糊，开发文档的准确性很低，难以准确说清楚用途。

- 元数据定义和标准化难度大：元数据的定义和标准化涵盖多个方面，如数据结构、业务含义、术语定义、数值范围等。企业在进行元数据管理时，需要确定适合企业的元数据定义和标准化方法，并进行规范化和维护。

- 元数据管理平台建设难度大：企业建立元数据管理平台需要综合考虑多个方面的因素，如数据存储、数据治理、数据安全、运维机制等。企业在建设元数据管理平台时，应该兼顾企业的需求和资源，选择适合的平台技术。

- 元数据管理的成本和效益高：进行元数据管理必然要投入大量的人力和资源，并且需要长期的维护和支持。因此，企业要平衡元数据管理的成本和效益。

- 元数据管理流程难以落实：元数据管理涉及多个环节，如元数据采集、分类、标准化、分级、维护等。在实际操作中，企业应当制定清晰的元数据管理流程，并确保各个环节的有效落实。

下面通过银行、电信和消费品行业的 3 个典型场景案例，简单介绍元数据管理的具体应用难点。

案例一：某银行的信息系统中有数百个数据库，每个数据库包含数千张表。这些表用于支持银行的各种业务，包括账户管理、贷款、信用卡等。这些表的数量如此之多，如果没有一个明确的元数据管理方法，则该银行很难追踪每张表的详细信息。

由于缺乏元数据管理，该银行面临以下问题。

- 数据分散：各个业务部门负责自己的数据库和表，没有一个统一的元数据存储库，导致数据分散、难以协调。

- 数据不一致：不同的业务部门使用不同的命名约定与术语来描述表与字段，导致表与字段的定义不一致，数据统计的口径也不尽相同，难以进行有效的数据整合及共享。

- 数据质量：由于缺乏元数据管理，该银行无法及时监控和评估数据的质量。

- 数据安全：该银行难以确定哪些表和字段包含敏感信息，存在数据泄露及其他安全隐患。

该银行实施元数据管理来解决这些问题，具体操作如下。首先，创建一个中央元数据存储库，其中包含所有数据库、表和字段的定义和描述。其次，在新的数据库中使用相同的命名约定与术语来描述表和字段，确保元数据的一致性。最后，基于业务分析领域的范围，逐步完善老系统的数据描述信息。此外，该银行还完善了数据质量和安全控制策略，以消除数据安全隐患。

案例二：某电信公司是中国最大的电信运营商之一，拥有数亿名客户和千亿条通信记录。为了更好地理解和管理数据，元数据管理就变成该公司一项紧迫的任务。

该公司在进行元数据管理时面临的挑战如下所述。

- 数据范围广：该公司需要处理的数据涉及的范围非常大，在进行元数据管理时必须处理各种格式的数据、不同数据源的数据。人工作业的工作量太大，需要采用高度自动化的工具和技术来收集、存储及分析元数据。

- 数据来源多样：该公司的数据来源十分广泛，包括各种业务系统、基站、移动设备等，这些数据以不同的格式和结构进行存储。

- 多样化的数据用途：该公司的数据用途包括业务分析、市场研究、客户服务和营销等。该公司在进行元数据管理时需要为不同的数据用途建立相应的元数据模型，并保证这些模型是准确和完整的。

案例三：某消费品企业元数据管理的难点在于它涉及组织内部不同部门、系统、业务流程之间的协同和一致性，同时受到外部环境变化及法律法规的影响。

该企业在进行元数据管理时的重点在于解决以下问题。

- 跨部门数据共享的一致性：不同部门的数据需求和使用方式不同，存在数据结构、命名规则、数据格式、数据字典等方面的不一致性，导致数据共享困难。

- 多系统数据集成的一致性：在多个系统和应用程序之间进行数据集成，数据格式和标准需要一致，否则会出现数据错误。

- 元数据变更管理：随着业务和技术的变化，元数据也会进行调整与修改，企业有必要进行变更管理，以保证变更的正确性、完整性和及时性。同时，企业应当进行版本管理，记录变更的历史和原因。

- 元数据标准化和知识共享：使元数据标准化和进行知识共享是为了方便使用者通过标准化的元数据模型来了解数据的含义、结构和使用规则，促进数据的正确使用与管理。

元数据管理是一项重要的数据治理活动，然而，企业在某些情况下实施元数据管理项目会得不偿失，举例如下。

- 数据使用的范围很窄：如果企业的数据规模非常小，而实际上这些数据只有很少的人在使用，那么采用复杂的元数据管理方案会造成资源和成本过高。因为企业需要投入时间和精力来定义与管理元数据，所以数据能够创造的价值很有限。

- 数据来源不可靠而且经常变化：数据主要来源于外部，而且不可靠，在这种情况下进行元数据管理就没有意义了。如果企业需要管理这些不准确的数据，却无法从源头进行修正，则会徒劳无功。

- 数据采集难度大：某些数据很难获取。例如，对于一些敏感数据、来自第三方供应商的数据、SaaS 系统的数据，或者无法从已有的系统中自动获取的数据，进行元数据管理会很困难。

- 业务需求不明确：元数据管理是为了满足业务需求而进行的，如果业务需求不明确，就无法定义元数据的业务和管理属性，也就无法提升元数据的使用价值。

- 组织不成熟：如果组织不成熟，高层不重视数据思维，缺乏数据治理的基础和环境，那么元数据管理将难以进行。元数据管理需要有完整的数据治理流程和组织结构做保障，包括任命数据负责人、数据管理员、数据使用者等，假如不具备这些基础，元数据管理很难得到有效的执行。

4.6　数据标准管理

数据标准是一些用于定义和描述数据元素、结构、格式、语义和其他属性的规范或指南。数据标准管理是指对数据标准进行制定、实施、维护和更新的过程，它对于企业数据管理和数据资产的有效利用非常重要。

数据标准管理是数据管理中非常重要的组成部分，用于提高数据质量和数据价值、促进数据共享和数据整合、降低数据管理成本、提高数据治理能力。

数据标准的建设可以分成两个阶段，即制定阶段和落地阶段。

- 制定阶段：数据标准的制定阶段是建立标准体系的基础。
- 落地阶段：数据标准的落地阶段是标准实施的关键。

在实际应用中，数据标准必须持续地改进和完善，要与业务需求、技术变化保持同步，不断地更新与优化。

图 4-14 所示为数据标准管理整体框架。标准定义规范中包括基础类数据标准和指标类数据标准。企业在数据标准制定过程中需要确定标准属性定义、标准命名规则和标准设计策略。数据标准落地过程从标准检查、标准更新、审核发布到标准执行，形成了一个管理闭环，推动标准的持续改善。为了保证各项工作的有序推进，企业还必须建设相关的标准管理流程、标准管理组织、标准管理制度，并以技术平台支撑作为保障。

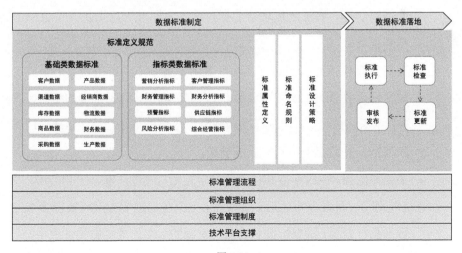

图 4-14

4.6.1 标准制定

数据标准制定是一项非常重要的工作，它为数据管理描绘出一个清晰的目标。下面是一些开展数据标准制定工作的建议。

- 明确目标和需求。在开展数据标准制定工作之前，企业必须明确标准制定的目标和需求，确定标准适用的范围、内容和应用场景，以及标准制定过程中所需的资源和工作流程。

- 建立团队和分工。数据标准制定是一项跨部门和跨职能协同合作的工作，企业应该建立一个跨部门的团队，并明确团队成员的职责和分工。团队成员应包括数据管理、技术和业务专家等。

- 确立标准制定流程。为了保证数据标准制定的质量和效率，企业需要确立标准制定的流程。标准制定的流程应包括需求分析、标准制定、标准审批和发布等环节。

- 收集并分析数据。在标准制定的过程中，企业应完成相关数据的收集和分析工作，包括已有的数据标准、数据质量问题、数据流程和业务需求等。通过分析这些数据，可以为标准制定提供有价值的参考和指导。

- 制定标准和规范。企业应在分析、理解业务需求及数据特点的基础上制定符合要求的（数据）标准和（命名）规范，包括标准的格式、内容、术语和命名等。这些标准和规范应尽可能地简洁明了、易于理解和遵循，并适用于不同的业务场景。

- 实施和监控。完成标准和规范的制定之后，通过评审，企业就可以发布标准了。标准发布之后正式实施，企业在标准实施阶段要持续监控标准执行效果，确保标准的有效性和质量。在标准实施的过程中，企业应当建立培训与沟通机制，帮助相关人员理解并遵循标准和规范。

在标准的制定过程中，企业需要结合专家经验来调研数据现状，先借鉴可以参考的各类标准规范形成标准初稿，然后邀请内部专家和外部专家一起对意见征集稿进行讨论、优化，审核确认后开始试行。图 4-15 所示为标准的制定依据、流程和成果。

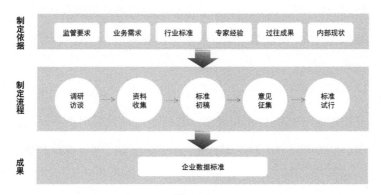

图 4-15

企业在进行数据标准制定工作时应该充分考虑自身的业务需求、数据特点和管理要求，确立目标、建立团队、制定流程与规范、收集并分析数据、制定标准，并逐步完善、优化数据标准，提高数据管理效率和数据价值。

4.6.2　标准落地

标准落地阶段涵盖积极推广和宣传数据标准、建立数据管理流程和制度、制订培训计划和准备培训材料、评估标准的执行效果和质量等多个方面的工作。只有通过各项工作的不断推进，企业才能真正实现数据标准的有效落地和推广。数据标准落地阶段是实施数据标准的关键阶段，主要包括以下几个方面。

- 推广和宣传：在数据标准制定之后，企业必须积极推广和宣传，提高员工的认知度和遵循度。企业可以通过内部宣传、培训等方式,让员工了解、掌握标准和规范的内容及重要性。

- 建立数据管理流程和制度:数据管理流程和制度是数据标准落地的重要保障。企业可以设立数据管理委员会,使其负责审批及监控数据管理流程和制度。同时,企业有必要制定相应的规章制度、流程及标准操作指南,明确数据管理的职责与权利,保证数据管理流程的合理性和规范性。
- 制订培训计划和准备培训材料:为了让员工深入了解标准和规范,企业需要制订培训计划和准备材料。企业可以采用集中培训、定期培训、视频培训等多种培训方式,让员工了解、掌握标准和规范的内容及要求。
- 评估标准的效果和质量:在数据标准落地的过程中,企业应该不断地评估标准的效果和质量,对标准进行优化及调整;通过对数据质量、业务流程和业务价值等方面的评估,了解数据标准的实际效果及存在的问题,并及时完善标准和规范,确保标准的有效性与实用性。
- 确立标准化的工作流程和引入标准化的管理机制:企业应采用信息化的方式,引入标准化的数据管理平台和工具,通过自动化的方式实现数据管理的标准化和规范化,将标准的业务流程固化到软件工作流中。

在数据标准落地执行时,对于牵头的主导部门,企业有以下几种不同的选择。

1. 由数据治理部门或数据管理部门主导

- 优势:该部门具备专业的数据治理知识和经验,能够更好地推动数据标准化工作的落地执行。

- 难点：该部门缺乏对特定业务领域的深入了解。
- 要点：该部门要加强与业务部门的沟通，了解业务需求和数据场景，邀请业务部门参与数据标准的制定和落地执行过程。

2．由 IT 部门主导

- 优势：该部门具备技术实力，能够提供数据标准化所需的技术和工具。
- 难点：该部门缺乏数据治理专业知识和对业务领域的了解。
- 要点：该部门要加强数据治理知识的学习和培训，与业务部门和数据治理专家保持密切沟通，共同推动数据标准化工作的落地执行。

3．由业务部门主导

- 优势：该部门对自己的业务数据和需求有深入了解，可以更好地推动数据标准化工作的落地。
- 难点：该部门缺乏数据治理专业知识和技术支持。
- 要点：该部门要加强数据治理知识的学习和培训；与数据治理部门和 IT 部门保持密切沟通，共同推动数据标准化工作的落地执行。

企业可以从以下几个方面考虑，来克服不同部门主导数据标准落地执行时的难点。

- 建立跨部门的数据治理委员会或工作小组：企业可以组建一个包含数据治理部门、IT 部门和业务部门代表的跨部门团队，共同负责协调和推动数据标准化工作的落地执行。
- 加强沟通与协作：企业应定期举办数据治理相关的会议和培训活动，

加强各部门之间的沟通与协作，确保数据标准化工作的顺利进行。

- 分阶段推进：将数据标准化工作分为多个阶段，逐步推进。这有助于确保各部门有足够的时间和资源投入数据标准化工作中。

- 制订详细的执行计划：为数据标准化工作制订详细的执行计划，包括时间、目标、范围、资源、各项任务的责任人、风险评估和应对、监督和评估机制等。

由业务部门主导数据标准管理工作的优势在于其对自身业务的深度理解，可以更好地定义数据需求和数据标准。然而，在实践中，很多企业的高层领导者会选择让 IT 部门来主导数据标准管理工作，主要基于以下几个原因。

- 技术导向：数据标准管理工作是一项技术密集型工作，如数据集成、数据质量控制、数据存储和管理等，这些都需要运用 IT 部门的专业知识和技术能力。而 IT 部门正是技术资源的集中地，具备实施数据标准管理所需的技术和工具。因此，很多高层会认为数据标准管理工作应由 IT 部门负责。

- 对数据标准管理工作的误解：在很多企业中，数据标准管理被认为是一项纯粹的技术工作，因此企业会自然而然地将数据标准管理工作分配给 IT 部门。

- 资源和权限问题：IT 部门通常已经有处理和管理数据的经验及工具，因此，让 IT 部门负责数据标准管理可以更快地利用现有资源。由于 IT 部门负责管理和运维应用系统，被视为数据的"守护者"和"管理者"，因此，IT 部门比业务部门更有权力和能力进行数据标准管理。

- 业务部门缺乏数据标准管理的经验：尽管业务部门对自己的业务过程有深入了解，但其缺乏数据标准管理方面的专业知识和经验。业务部门通常专注于其主要职责，如销售、市场、财务等，没有足够的时间和资源去主导数据标准管理工作。因此，老板可能认为 IT 部门更具备相关的技术背景和资源，更能够胜任数据标准管理工作。
- 高层领导的个人经验和偏好：企业高层领导的决策受其个人经验和偏好的影响。如果在他们过去的经历中，IT 部门负责数据标准管理工作取得了良好的成果，那么他们会倾向于继续沿用这种做法。

如果由 IT 部门主导数据标准管理工作，那么如何更好地与业务部门进行跨部门协作及沟通就成为数据标准管理工作开展过程中的难点。以下是一些可供参考的策略。

- 找到理解并支持的高层领导：尽可能找到一位或几位理解数据标准管理重要性的高层领导，获取他们的支持。高层领导可以帮忙推动数据标准管理理念的宣传，促进业务部门之间的合作。
- 强调商业价值：向领导和业务部门强调数据标准化的商业价值。比如，它可以改善数据质量、提升决策效率、降低风险、提高业务效率等。IT 部门需要把这些价值与企业的战略目标相对应，使之更具说服力。
- 成功案例：分享一些数据标准管理成功的案例，尤其是那些在业务效果上取得了明显提升的例子，以此来展示数据标准管理的价值。
- 争取早期的成功：选择一个具有高可见性和实际价值的项目进行初步的数据标准管理尝试。早期的成功有助于展示数据标准管理的价值，从而赢得更多的支持。
- 持续沟通：定期向领导和业务部门报告进展，向他们展示数据标准管理的成果，以此来增加他们对数据标准管理工作的信心并获得他们的支持。

- 培训和教育：通过培训与教育，帮助业务部门了解数据标准管理的重要性及方法，提升其数据素养，使其更理解和支持数据标准管理工作。

- 设立奖励机制：对于积极参与和支持数据治理工作的部门或个人，给予一些奖励或表彰。

在数据标准管理的推广过程中，企业可以通过参观行业标杆、邀请外部专家或寻求咨询公司的帮助等方式进行造势，从而有效地提高企业内部对数据标准管理工作的认识和支持。以下是一些具体的方法。

- 参观行业标杆：组织员工参观其他在数据标准管理方面表现优秀的企业，可以让利益相关者感受到数据标准管理的实际效果，理解其对于企业运营的重要性。参观行业标杆既可以是实地参观，也可以以线上研讨会或分享会的形式进行。

- 邀请外部专家：邀请在数据标准管理领域有丰富经验的外部专家来分享经验或做培训，可以提供更专业、更全面的数据标准管理知识，增强企业员工的数据标准管理意识。此外，外部专家的观点和建议也可能更容易获得管理者的认同。

- 寻求咨询公司的帮助：聘请咨询公司负责数据标准落地和执行工作，可以利用其专业知识和经验，制定更有效的落地执行策略，帮助企业更好地推动数据标准管理工作。

企业在数据标准落地过程中要考虑策略和优先级。数据治理是一个复杂的过程，涉及企业的各个层面，包括技术、业务、文化等。数据治理不是一个可以立即看到成果的过程，需要时间和耐心。就像"一口吃不成个胖子"

一样，企业不能期望通过数据治理立刻解决所有的数据问题。一次性全面开展数据治理工作，不仅难以管理，而且可能会遇到各种难以预见的问题，导致项目失败。因此，数据治理的实施应该是一个持续、逐步推进的过程。

企业的各个业务领域对数据治理的需求会有所不同。优先对紧迫性高的业务领域进行数据治理，可以更快地看到效果，提高众人的信心。数据治理工作应该根据企业的主要价值链和业务需求进行。企业需要分析哪些业务对数据治理的需求最为紧迫、哪些数据标准对业务的影响最大、哪些数据在各个系统间的共享程度最高，以及数据治理的实施难易程度等问题。

根据这些问题，企业可以确定各项治理需求的优先级。相关人员应将这些优先级排列出来，并提交给高层领导，作为其决策的依据。比如，优先对营销领域进行数据治理，因为数字营销是当前企业转型的重点，而且数据治理在营销领域更容易看到成果；或者从内部管理优化的角度出发，优先治理财务领域或生产领域的数据。

数据治理是一个学习的过程。通过逐步开展数据治理工作，企业可以在实践中逐步掌握数据治理的方法和技巧，提高未来数据治理工作的效率和效果。通过循序渐进的方式，企业可以在每个阶段总结经验教训，为后续的数据治理工作提供宝贵的参考。这有助于企业不断优化数据治理策略，提升数据治理效果。

循序渐进地开展数据标准落地工作，是一个十分重要的工作思路，可以帮助企业利用有限的资源和时间有效地解决数据问题、降低风险、提高数据治理的效果。先从较小规模、较低风险的数据治理任务开始，逐步扩大治理范围，这样可以避免企业一开始就面临庞大的数据治理任务，降低数据治理项目失败的风险。企业在发展过程中可能会发生业务调整、组织架构改变等变化，循序渐进的方式可以让数据治理项目更好地适应这些变化。企业可以根据实际情况，调整数据治理的优先级和策略，以确保数据治理项目始终与业务需求一致。

数据标准的动态升级也非常重要。外部环境是不断变化的，无论是商业环境还是技术环境，都在不断地发展和演变。因此，数据标准也需要跟随这些变化进行相应的调整，以保持其适用性和有效性。企业制定的数据标准会随着时间的推移而变得不再合理或不符合实际情况。在这种情况下，企业既不能僵化地坚持使用这些已经过时的数据标准，也不能绕过数据标准去随意地执行，而应该及时对数据标准进行调整和更新。企业需要建立完善的数据标准更新机制，以便能够及时跟踪并适应外部环境的变化。同时，企业还需要建立配套的组织管理流程和管理办法，以确保数据标准更新的顺利进行。

在实施数据标准管理的过程中，企业应尽量减少对现有系统的影响和冲击。这是因为，如果为了实施数据标准而对所有的系统进行大规模的修改或重构，不仅工作量巨大，而且会引起一系列的问题和风险。因此，企业应遵循"对现有系统影响最小"的原则来实施数据标准管理。

4.6.3　常见问题

案例：某零售企业遇到的数据标准管理问题如下。

- 数据来源和格式不一致：该零售企业从多个数据来源（如供应商、门店、在线销售渠道）获取数据，但这些数据采用不同的格式、命名规范和编码方式，导致数据难以标准化。

- 数据标准和术语不统一：不同部门、业务线和地区使用不同的数据标准和术语，引起内部摩擦，影响业务协作及决策。

- 数据管理和使用流程不透明：该零售企业缺乏明确的数据管理和使

用流程，造成数据难以追踪及审计。

- 数据质量问题：因为数据标准没有得到贯彻执行，该零售企业面临数据质量问题。这些问题会影响企业决策和业务运营。

- 数据安全和隐私问题：该零售企业在处理大量敏感数据时，如客户信息、销售数据、财务数据等，没有明确这些数据的安全标准。

这些问题都必须通过有效的数据标准管理来解决。该零售企业可以制定统一的数据标准和术语，采用数据质量控制和数据安全策略，建立明确的数据管理和使用流程，以确保数据的准确性、安全性和合规性。同时，该零售企业也可以使用数据标准管理工具和技术来帮助实现这些目标。

在实践中，要做好数据标准并不容易，尤其是数据标准的全面梳理，范围很大，要花费的精力多。在金融、电信等行业，数据标准的执行力度较好。而在某些非充分竞争领域，有时搞数据标准管理的主要初衷就是应付上级组织检查，容易使其成为一种摆设。

多年来，各行各业都在建设自己的数据标准，但是取得显著效果的案例并不多。一是有些企业一味地追求先进，向行业领先看齐，制定的标准大而全，脱离实际情况。二是在数据标准落地执行过程中出了问题。

数据标准落地的过程比数据标准制定的过程更为困难。数据标准落地的过程也就是数据的标准化过程，要具体情况，具体分析。对于已经上线运行的老系统，很难进行数据标准落地。改造老系统，除成本增加外，还会带来不可知的巨大风险。对于新上线的系统，可以要求其严格按照数据标准落地。

通常，数据标准落地到 IT 技术平台中有 3 种形式。

- 建设统一的数据中心：按照数据标准要求建设数据中心（或数据仓

库），业务系统数据与数据中心做好规则映射，确保传输到数据中心的数据为标准化后的数据。

- 数据接口标准化改造：对已有系统间的数据传输接口进行改造，设置数据映射规则，让数据在系统间进行传输时全部遵循数据标准。

- 业务系统直接改造：这是一种重量级的深度改造方式，伴随着高成本、高风险。这也是一种数据标准落地最直接的方式，有利于控制未来数据的质量，但工作量与难度都较高。例如，客户编号这个字段涉及多个系统，范围广、重要程度高、影响大，一旦修改该字段，相关的系统都需要修改。然而，这看似完美的、一步到位的改造方式，伴随着极高的改造难度，一般很少有企业选择这种方式，而是会等老系统功能重构时再进行改造。

4.6.4 难点分析

在数据标准管理过程中，企业应当对数据标准的全生命周期涉及的各个环节进行充分的考虑。数据标准的全生命周期是指从数据标准的制定、发布、实施、维护，到数据标准的变更和废弃等整个过程，通常包括以下阶段。

- 制定：明确数据的定义、格式、类型、长度、分类、命名规范等，以满足业务需求和数据治理的要求。企业在制定数据标准时应考虑到业务流程及数据特点，以保证标准的一致性和可行性。

- 发布：将制定好的数据标准发布和传播到各业务部门和数据治理项目团队。发布数据标准可以帮助业务部门和数据治理项目团队了解数据标准的定义和要求，从而更好地将数据标准应用于业务流程和数据治理。

- 实施：将数据标准应用到实际业务流程和数据治理工作中，确保业务

数据的一致性和准确性。在实施数据标准时，各业务部门和数据治理
项目团队需要考虑到业务流程与数据治理工作的实际需求及特点，
从而实现数据标准的有效性和高效性。

- 维护：对数据标准进行持续性和定期性的管理及维护工作，包括数据
  标准的修订、更新、扩展、审核等。数据标准的变更必须在确保数据
  标准的稳定性和一致性的前提下进行，以满足业务流程和数据治理
  工作的变化需求。

- 废弃：对不再使用的数据标准进行停用、删除或归档处理。

在具体的操作过程中，企业还应该考虑以下内容。

- 定义数据标准：企业应定义数据的意义、格式、单位、范围、精度及
  准确性等标准，以保证数据在整个组织中得到一致的解释和使用。

- 明确数据质量要求：包括数据完整性、准确性、一致性、可靠性和安
  全性等方面，以确保数据质量达到要求。

- 设立数据审核程序：为确保数据的正确性和合规性，企业应建立数据
  审核程序，包括审核人员的选择和审核流程的制定。

- 确定数据标准化流程：涵盖数据收集、处理、存储和传输等环节的标
  准化，以确保数据在整个生命周期中保持一致。

- 建立数据标准化文档：包括数据定义、数据字典、数据模型等，以便
  被组织成员使用和理解。

- 采用标准化工具和技术：企业应采用数据模型、数据字典等来管理数
  据，将数据标准通过数据资产管理平台来对外发布，以便相关人员进
  行浏览和检索。

- 培训和沟通：为组织成员提供培训，使他们了解数据标准化的重要性

及数据标准化流程。

- 定期审查和更新：定期审查、更新数据标准，以保证数据标准与组织需要和技术变化保持一致。

- 制定数据治理政策：包括数据的所有权、责任、访问、共享和保护等。

在某些情况下，数据标准管理这项工作的实行会比较困难，如下所述。

- 数据来源繁杂且分散：数据来自多个系统，如大型套装软件、SaaS 产品、外部合作方定制开发的软件系统等，这些系统的数据结构和命名规则不一致，将数据统一进行标准化会非常困难和耗时。在这种情况下，企业需要花费大量的时间和精力来厘清各个系统的数据存储结构及彼此之间的关联，才能确定一套统一的数据标准。

- 数据标准化没有明确的业务价值：如果数据标准化的价值没有得到业务领域的明确认可，或者没有为组织带来实际的、被观测到的效益，那么这项工作就可能被认为是一项无用的工作，并且浪费了组织的资源和精力。

- 多语言问题：如果企业有跨国业务，那么其在数据标准化过程中还会遇到语言和文化差异的问题。

- 组织内部缺乏协作意识：数据标准化需要多个部门的协作，如果各部门缺乏协作意识，或者出现内部利益冲突，那么数据标准化工作的推进不会太容易。不同部门或团队对相同术语或定义的理解也许会存在歧义，如果没有共同的术语或定义，则很难将数据标准化。

- 组织结构不清：组织结构非常复杂，存在功能交叉的团队和部门，数据标准化过程中缺乏领导者或决策者。

- 老系统无法适应标准化：在某些情况下，企业的老系统无法满足新的数据标准,因此需要进行大量的修改或替换。改造老系统一般都不是一项简单的任务。

- 数据标准变更频繁:企业的业务规则和需求变更一旦非常频繁,数据标准也可能需要经常进行调整和更新。这既会增加维护成本,也会影响到数据标准化的稳定性和一致性。只要制定了数据标准,就必然需要不断维护和更新,这会导致高昂的成本和时间投入,特别是在大型企业中。
- 数据标准化缺乏监管和执行:即使数据标准化的规范已经正式发布生效,如果没有完善的监管和执行机制,那么数据标准化工作依然难以得到有效的落实。在有些企业中,说过就等于做过了。没有监督的执行必然会走样,数据标准化的效果会变差,或者只有一部分数据得到标准化。

数据标准来源包括监管要求、国家标准、行业通用标准、内部数据标准等。企业没有必要将所有的业务指标、数据项、代码等都纳入数据标准中。数据标准的范围应该主要集中于业务最核心的部分数据。具体的数据标准建设项目会结合企业的业务架构分析及业务流程梳理的工作来明确核心数据的边界范围。

4.6.5　术语辨析

数据标准管理和数据质量管理是数据管理的两个重要方面,它们之间有紧密的关系,是相辅相成的。简单来说,数据标准管理是确保数据被一致地使用和解释的过程,而数据质量管理是确保数据的准确性、完整性、可靠性和及时性的过程。以下是两者之间的关系。

- 数据标准管理通过建立标准术语、定义、规则和命名约定等,为数据质量管理奠定了基础。当数据以统一的方式收集、存储和管理时，数据质量管理工作就变得更容易和有效。

- 数据标准管理可以帮助数据管理人员识别和解决数据质量问题。如果数据不符合标准，则说明存在数据质量问题。例如，如果一个字段的数据类型不一致，则会导致计算错误，这就需要数据管理人员通过数据质量管理来进行修正。

- 数据质量管理可以帮助数据管理人员发现标准的不足之处。例如，数据管理人员通过数据质量管理分析发现一些数据不准确或不完整的问题，就可以针对这些问题进行标准更新和改进，从而进一步优化数据标准管理的各项工作。

数据标准管理和数据质量管理是数据管理的两个不同方面，它们的目的、操作和范围都有所不同。对于数据管理来说，两者都是非常重要的，需要在数据管理过程中进行综合考虑和应用。

- 数据标准管理的目的是保证数据在整个企业内部和外部的一致性与可理解性，它涉及建立及维护数据标准、命名约定、数据定义等。数据标准管理主要关注数据的标准性与一致性。而数据质量管理的目的是确保数据的准确性、完整性、可靠性和及时性，它涉及识别和解决数据质量问题、监控及度量数据质量等。

- 数据标准管理通常是阶段性的，主要工作包括建立和维护数据标准、规则及命名约定等。这些标准通常在数据收集和管理的早期就建立好了，并在数据的整个生命周期中一直使用。而数据质量管理是持续性的，企业需要对数据进行不断的监控、评估，并改进数据质量，这样才能保证数据在整个生命周期中保持高质量。

- 数据标准管理关注整个组织或企业级别的数据标准规范。例如，建立企业级别的数据词汇表、命名约定、定义和规则等。这些标准涵盖多个应用程序、业务线和数据域。而数据质量管理关注具体的数据集或数据域的数据质量问题。例如，确保一个特定的数据集符合预期的数据质量标准。

4.7　数据质量管理

数据质量管理是指在数据生命周期中，制定和实施一系列数据质量策略、规范及控制措施，以改善数据的准确性、完整性、一致性、可靠性、安全性和时效性等重要质量指标。数据质量管理主要分为事前、事中、事后 3 个阶段，事前阶段的侧重点在于设计各种数据质量评估规则，这些规则来源于数据标准规范。事中阶段的工作重点在于进行主动式质量监控，自动识别有质量问题的数据并进行处理。事后阶段的工作重点在于对出现的质量问题进行溯源，并进行多角度的分析，追踪问题的根本原因，建立长效机制来彻底地解决数据质量问题。数据质量管理全流程如图 4-16 所示。

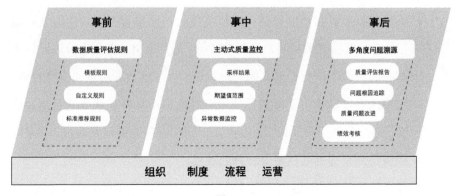

图 4-16

4.7.1　质量指标

常见的数据质量指标因数据类型、行业和应用不同而有所不同。在实际应用中，企业总要根据具体情况选择合适的指标进行检查。在数据质量管理过程中，企业通常会检查以下质量指标。

- 准确性（Accuracy）：数据是否准确地反映了业务活动的真实情况，数据是否没有错误或矛盾。
- 完整性（Completeness）：数据是否完整，是否缺失了必要的信息。
- 一致性（Consistency）：数据流转是否上下游一致，是否符合业务逻辑规则。
- 可信度（Credibility）：数据来源是否可信，数据是否经过验证。
- 可用性（Availability）：数据是否可用，并且可以被正确地访问。
- 及时性（Timeliness）：数据是否及时，是否在需要时及时更新。
- 可理解性（Interpretability）：数据是否易于理解，是否有足够的上下文信息。
- 有效性（Validity）：数据是否有效，是否符合预期的用途。

企业在检验数据质量管理的成效时，可以采用以下几种方法。

- 基于数据质量指标的评估：比较实施数据质量管理前后的数据质量指标值，以检查数据质量是否有改善。除此之外，企业也可以比较不同时间段或不同数据集之间的指标值，以了解数据质量的变化趋势。
- 用户满意度调查：了解数据使用者对数据质量管理成效的看法和感受。通过分析用户反馈，企业可以识别出哪些方面需要改进，并采取相应措施来提高数据质量管理的成效。
- 业务价值的提升：数据质量管理可以提高数据的可用性和准确性，从而改善决策制定和业务流程、提高效率和质量、降低成本等。通过评估这些业务效益，可以确定数据质量管理对企业的贡献。

企业在剖析导致数据质量问题的根本原因时，可以采取以下步骤。

（1）识别数据质量问题：企业应明确数据质量问题的类型和位置，以便更好地进行剖析。通过对数据质量指标的检查、用户反馈、故障报告、主动分析等多种途径来发现数据质量问题。

（2）收集相关数据：在识别问题后，企业应收集相关数据，包括数据源、数据采集、数据处理和数据应用等方面的数据，以了解问题的产生和扩散情况。

（3）探索数据质量问题的根本原因：企业可以采用"5W1H"分析法或"鱼骨图"等方法来探索数据质量问题的根本原因，通过问询问题的"谁、什么、何时、为什么、在哪里和如何"等问题来识别导致数据质量问题的原因。

（4）确定最终原因：在探索问题的各个因素后，企业应确定导致数据质量问题的最终原因。最终原因是问题的深层次原因，需要通过深入分析才能发现。例如，客户信息中存在多条相同或类似的记录，导致营销团队对同一客户发送重复的促销信息，不仅浪费资源还对客户体验造成了负面影响。从表面上看这是因为缺乏数据唯一性校验机制，进行数据去重和整合就可以解决，而根本原因有可能在于客户信息来自多个渠道，如线上注册、电话咨询、实体店登记等，通过不同渠道收集的信息存在格式差异。也许是在收集客户信息时，没有明确的数据录入规范和标准，导致同一客户的信息以不同的形式被录入系统。例如，客户地址的格式、客户电话、客户等级、客户生日、客户姓名输入的不规范等因素引起系统无法识别、重复记录。

（5）提出解决方案：企业应根据最终原因，提出解决方案，以消除问题产生的根源。解决方案可以包括技术、流程、组织和人员等方面的改进。在实施解决方案后，企业需要重新评估数据质量，以确定问题是否得到解决。

4.7.2 事前预防

事前预防是做好数据质量管理的一个关键步骤，如下所述。

- 数据治理策略和标准：制定全面的数据治理策略和标准，从数据源头就开始对数据的质量进行控制，包括对数据的收集、存储、处理、共享等各个环节设定明确的规范和要求。

- 数据录入规范：建立明确的数据录入规范，提供数据录入模板，并对可能引起不一致的属性进行详细说明和约定；通过规范数据录入过程，减少数据质量问题的发生。

- 数据验证和校验：实施数据验证和校验机制，对输入的数据进行实时检查和提示，确保数据的准确性和一致性，包括对数据的格式、范围、逻辑关系等方面进行检查。

- 数据源管理：选择可靠的数据源，并对外部数据源进行定期评估和审计，保证数据质量问题不会从数据源传播到系统内部。

- 数据整合和转换：采用一致的方法和技术对数据进行清洗、去重及标准化，确保数据的完整性与准确性。

- 培训：对涉及数据处理的员工进行培训，提高他们对数据质量管理的认识和能力，促使其在数据处理过程中遵循相应的规范与标准。

- 监控和预警机制：建立数据质量监控和预警机制，对关键数据质量指标进行实时跟踪及报告，以便企业在数据质量问题造成重大影响之前就进行处置。

4.7.3　事中控制

数据质量管理过程中的事中控制办法，包括以下几个方面。

- 数据质量监测：实时监控数据质量，对关键数据质量指标进行跟踪和报告，及时发现潜在的数据质量问题。监测手段包括使用数据质量仪表盘和可以自动进行数据质量监测的脚本等。

- 异常处理：建立异常处理机制，对数据质量问题进行快速定位和诊断，采取相应的纠错措施。异常处理过程包括数据修复、数据回滚、数据重新计算等。

- 数据质量改进：针对发现的数据质量问题，制订并执行数据质量改进计划。改进措施包括数据清洗、数据标准化、数据去重等，旨在提升数据的准确性、一致性和完整性。

- 变更管理：实施严格的变更管理流程，确保数据结构、数据源、数据处理逻辑等变更过程中不会引入新的数据质量问题。变更管理包括变更申请、变更评审、变更实施和变更验收等环节。

- 跨部门协同：加强跨部门的沟通与协作，确保数据质量管理工作在组织内部得到有效执行。跨部门协同可以通过定期会议、数据质量报告等方式实现。

4.7.4　事后补救

通过实施事后补救机制，可以降低数据质量问题对业务的影响，并提高企业数据治理的整体水平，同时为企业在数据质量管理方面的持续改进提供基础和动力。企业在进行事后补救时需要分析数据质量问题的根本原因，并采取相应的措施进行纠正和改进。

企业在进行事后补救时常用的步骤如下。

（1）数据修复：在发现数据质量问题后，尽快进行数据修复。包括手动修复错误数据、批量更新不一致的数据、重新计算衍生数据等。

（2）根因分析：对数据质量问题进行根因分析，找出问题产生的关键原因。有针对性地解决问题，防止类似问题在未来再次发生。

（3）修订数据治理策略和标准：根据根因分析的结果，修订数据治理策略和标准，以解决潜在的数据质量问题。修订手段包括修改完善数据录入规范、优化数据验证和校验机制，以及调整数据整合及转换过程等。

（4）数据质量改进计划：基于根因分析和修订的数据治理策略，制订并执行数据质量改进计划，系统性地提高数据质量，降低数据质量问题对业务的影响。

（5）持续监控和评估：对数据质量进行持续监控和评估，确保事后补救措施的有效性。持续监控和评估可以通过定期提交数据质量报告、跟踪数据质量指标等手段实现。

（6）事后审计：定期进行事后审计，评估事后补救措施的实施情况和效果。审计结果可以为企业未来的数据质量管理工作提供参考和借鉴。

（7）组织学习：将事后补救过程中的经验和教训进行总结与分享，纳入企业内部的数据质量管理知识体系，提升企业在数据质量管理方面的能力和水平。

4.7.5　难点分析

理想与现实之间往往存在一定的差距，需要适度妥协。尽管盘山公路的路线较为曲折，但相比直接从山脚到山顶修建一条直线公路，修建盘山公路在现实操作中更具可行性。数据质量管理的目标是持续改善数据质量，并非保证 100%没有数据质量问题。企业追求的是可以在时间、成本的约束下，减少那些最具有核心业务价值的数据的质量问题。

在各企业中，数据质量管理流程的实施程度各不相同。就数据追责而言，在私营企业内部推行还有一定的可行性，但在事业单位和政府部门推行会较为困难。事业单位和政府部门的大数据项目，不论由哪个部门牵头负责，都很可能缺乏对其他部门追责的相关权限。企业通常也无法对第三方数据质量进行追责。针对这类问题，企业应制定数据清洗规则并对来源数据进行清洗，尽量使其达到可用标准。有时，迂回地做某些事情，也不失为一项选择。

从时间维度上将数据划分为过去数据、当前数据、未来数据。当不同种类的数据出现质量问题时，需要考虑不同的处理方式。

- 历史数据：通常，企业的历史数据积累多年，也许会有海量的数据规模，很难处理。历史数据的时间越久远，其价值变得越低，从投入产出比考虑，对历史数据进行全面的质量管理也不太合算。对于历史数据问题的处理方法在多数情况下是不处理，或者在用到的时候用自动数据清洗的办法来解决。

- 当前数据：在当前数据出现质量问题时，企业可以通过数据质量管理流程来发现问题产生的根本原因。企业在管理当前数据的过程中必须严格遵循流程，避免脏数据继续流到数据分析应用环节。

- 未来数据：企业应从数据规划开始，站在整个企业数字化转型升级的角度，规划企业统一的数据架构，制定数据标准；在业务系统新建、改造或重建时，遵循一致的数据标准，从根本上提升数据质量。

4.8   本章小结

  智能数据应用使业务人员能够快速进行数据洞察和趋势预测，从而加强数据驱动的决策能力。然而，只有通过主数据管理、元数据管理、数据标准管理、数据质量管理等敏捷数据治理平台的核心功能完成数据质量的提高，才能真正让智能数据应用释放出业务价值。敏捷数据治理平台的这些核心功能模块是支撑敏捷数据治理实践的关键要素。

  需要注意的是，敏捷数据治理平台的发展是一个迭代过程，每一个阶段必须具备哪些模块，以及每个模块中应当达到的功能深度，都必须根据企业的实际情况进行研究。数据治理项目团队必须深入了解企业的数据治理需求和目标，确保敏捷数据治理平台的核心功能与企业的业务战略相契合。同时，数据治理项目团队应与业务部门和技术团队合作，充分了解企业的业务需求和技术限制，重点关注数据采集、数据存储、数据质量管理、数据安全和数据治理流程等方面的功能设计，确保数据的全面性、准确性和可靠性。同时，数据治理项目团队要考虑敏捷数据治理平台的可扩展性和灵活性，以适应企业未来的业务发展和技术变化，并通过持续的用户反馈和数据分析，不断优化和完善核心功能，确保敏捷数据治理平台能够持续地满足企业的需求，为企业的数据治理工作提供强有力的支持。

第 5 章

数据治理项目的落地实施

言之易，行之难。

规划只有落地，企业方能受益。

在数据治理实践中，从规划到落地实施是一个复杂而又困难的过程。数据治理项目的落地实施意味着理念和规划得以转化为实际行动及业务成果，真正产生价值。数据治理项目要想真正落到实处，就不能仅关注技术因素，还必须考虑数据治理项目的实施过程，对项目的进度、成本、质量、范围、风险等因素，以及项目的关键里程碑进行管理。

项目管理强调明确的项目目标和计划，包括项目的范围、时间、成本、资源、质量、风险等方面的规划。对于数据治理项目来说，这意味着企业要明确数据治理的目标和预期成果，并制订详细的数据治理计划，从而确保项目按照预期时间完成，并且不超出预算。

项目管理强调资源的有效管理和优化利用。在数据治理项目中，资源包括人员、技术、设备等方面。通过项目管理，可以合理分配和利用这些资源，在确保数据治理项目的顺利进行的同时，减少浪费。项目管理注重风险管理，包括识别潜在的风险、制定风险应对策略和监控风险的变化。在数据治理项目的实施过程中，企业可能会面临各种风险，如数据质量问题、数据安全风险等。通过项目管理的风险管理措施，企业可以及时应对和解决这些风险，降低项目失败的风险。

项目管理注重团队间的沟通和协调，以确保项目各方的理解与支持。在数据治理项目的实施过程中，涉及多个部门和团队的合作，需要进行有效的沟通及协调，以确保项目的顺利推进和有效实施。企业通过设立里程碑和监控进度来控制项目进展及项目成本。在数据治理项目中，确保项目按照预期时间完成、不超过预算，有助于提高项目的效率和效益。项目管理有助于各团队专注于项目的关键任务和目标，从而提高项目的成功率。

要想数据治理项目获得成功，企业必须对整个项目实施过程中的要点进行良好管理，以及充分理解数据治理项目实践中的固有难点并考虑有针对性的应对策略。与此同时，企业还需要考虑建立适合企业的数据治理制度规范等长效运营与持续改善机制。数据治理可以始于项目，但不能止于项目。企业必须规划、落实数据治理组织机构的岗位设置、工作职责、管理制度、工作流程等软性的管理因素，用正式的管理流程来保障数据标准建设、数据质量管理、元数据管理等各类型的工作可以紧随业务需求变化而升级。

数据治理是一个持续进行的过程，需要不断地对数据进行监控、评估和优化。数据治理项目的目标不仅是实现一次性的数据整合和优化，更重要的是长期确保数据治理机制持续发挥作用、保证数据的质量和价值、适应业务和技术的变化，从而保持数据治理的有效性和可持续性。

5.1　项目实施过程管理

项目实施过程管理涵盖项目从启动到完成的全过程，旨在保障项目按照既定目标和时间表顺利推进。只有在项目实施过程中做到科学管理、高效执行，才能使数据治理项目取得最终的成功。

项目实施过程将目标的达成进行阶段性分解，细化为一系列可量化的工作任务，并设定具体的工作任务时间节点。数据治理项目团队在项目实施过程中对工作任务逐一进行监控和评估，防范项目风险，及时发现问题并采取处置措施，确保项目目标能够顺利实现。

成功的项目实施，需要数据治理项目团队有效规划项目的进度安排、合理分配资源、防止进度滞后或资源浪费。在项目启动之初，数据治理项目团队就要完成明确项目目标、组建项目团队、调配资源、确定项目计划和制定项目工作开展机制等一系列工作。在项目开展过程中，企业应持续地监控和评估项目的质量，保证项目每个阶段交付的成果符合预期要求，最终达到预期的数据治理效果。企业可以通过例行会议、工作报告和沟通平台，使数据治理项目团队的成员密切合作，形成高效的工作机制，及时交流信息、协商解决问题，增强协作效率。

在数据治理项目实施过程中，难免会面临各种挑战和风险，如项目范围扩大带来的进度和成本压力。良好的项目实施过程管理能够帮助企业及时发现问题，并采取相应的纠正措施，以防问题扩大化和影响项目进展。通过项目实施过程管理，对项目的进展和成果进行实时监控和评估，使项目的执行过程变得可控和透明，让项目干系人清晰地了解项目的状态，增加项目的可信度和成功的可能性。

5.1.1 项目启动

数据治理项目启动会是项目启动阶段的重要环节之一。企业会正式召开专门会议来说明项目的重要性、目标和计划，通过会议来传递项目价值和信心，邀请高层领导参会发言，凝聚项目各个关键干系人的共识，明确各自的职责和沟通协作制度。清晰的项目目标、计划，以及有效的沟通和协作机制，有助于数据治理项目的顺利实施。

数据治理项目启动会需要重视如下几个方面。

- 确定项目启动会的参与者和议程：项目启动会的参与者，包括高层领导、业务部门代表、IT 部门代表、数据治理项目团队成员等；会议的议程，包括项目背景和目标、项目计划和时间表、项目资源和预算、项目风险和控制等。

- 说明项目的重要性和价值：介绍数据治理的概念和价值，向与会者说明数据治理项目的重要性与必要性，说明数据治理不仅能够提高企业数据的质量、安全性和可信度，还能长期降低数据管理成本和风险，以及提高业务决策的精度和效率。

- 介绍项目的目标和计划：介绍项目范围、项目阶段、项目时间表、里程碑、项目资源、项目预算、风险管理机制，以及项目管理的流程和方法。

- 确认关键干系人的支持和参与：通过建立项目治理机制和沟通渠道，保证各方能够有效协作与配合，促进项目的顺利实施。

- 解答疑问和反馈意见：在会议中，应该充分听取与会者的意见和反馈，解答他们的疑问与关注点。这有助于进一步明确项目的目标和计划，避免在后续项目实施中出现误解及偏差。

5.1.2　例行会议

数据治理项目的例行会议是项目管理中的重要环节，它能够促进项目团队成员之间的沟通与协作，可以有效地识别和解决项目中的问题，及时调整项目计划及进度，保证项目按照计划顺利实施。

关于项目例行会议的一些建议如下所述。

- 确定会议时间和地点：如每周、每两周或每月一次。会议负责人可以选择通过线上视频会议工具或在线下会议室召开会议，根据项目的实际情况通知相关人员参与会议。

- 制定议程：明确会议目标，包括讨论项目的进展、问题、风险等。相关人员应该提前准备好议程并将之发给与会人员，以便他们预先了解会议的主题和沟通内容，提高会议效率。

- 召集参会人员：相关人员应该提醒与会人员准时参加会议。如果有人无法参加会议，则应该事先通知项目经理或助理，以便安排其他人代替。

- 召开会议：在会议中，项目经理或助理应该主持会议，按照议题引领会议的进程，根据议程讨论项目的进展、问题、风险等，提高会议的效率和质量。如有需要，企业也可以邀请其他外部数据治理专家参加会议，以获取专业意见和建议。

- 记录会议内容和行动计划：会议记录是例行会议的重要输出，记录会议的主要内容和讨论结果。会议记录还应该包括下一步需要采取的行动、责任人和时间表等。

- 跟进行动计划和进度：在下一次例行会议中，相关人员应跟进上一次会议后的行动计划和进度，督促项目团队成员按照计划执行，并及时调整和更新项目进度和计划，避免出现议而不决或光说不练，以至于之前的会议部署的工作没有得到落实的情况。

5.1.3 管理要点

在数据治理项目中，范围、风险、资源和进度是非常重要的 4 个核心方面。项目团队应该充分了解这些方面的要点，并在项目实施过程中重点关注，以确保项目的成功实施。

- 确定项目的目标和范围，进行明确定义和规划，使所有项目团队成员都明白项目的目标和要求。

- 制订项目计划和进度表，与所有利益相关者共享，按照进度计划推进项目。定期检查项目进展情况，及时更新项目进度和时间表，与项目团队成员进行沟通和协调，遇到问题第一时间反馈，推动项目按照计划进行，及时进行调整与纠偏。

- 识别影响项目进度、质量和成本的风险因素，评估它们的影响和发生概率。制订应对风险的计划，采取相应的措施，最小化或消除风险带来的影响。定期监测项目的风险情况，及时采取行动，减轻或消除风险的影响。

- 明确项目所需的人员、技术和工具等资源及预算，制订相应的管理计划，分配相应的任务与划分相应的职责。定期监测资源投入情况，及时调整资源分配。

从实践中的大量数据治理项目来看，项目范围管理说起来容易，想真正做好却很困难。项目范围一旦失控，项目成本、质量和时间至少有一方面会失去控制。对于提供技术服务的乙方来说，一个盈利的项目会变成亏损项目。如果甲方非常强势，不愿意进行需求变更、增加预算，乙方又采取摆烂的博弈策略，则项目将被拖入双输的深渊。在激烈的市场竞争环境中，如果出现明显的劣币驱逐良币的倾向，那么不成熟的甲方很容易被售前阶段的夸大承诺所吸引，但过高的期望和不足以覆盖成本的预算会带来项目交付环节的压力。

项目团队在范围管理方面主要面临以下几方面的挑战。

- 数据治理的范围不确定：数据治理涉及的数据类型和数据源较多，不同的业务部门对数据的需求和使用深度也不同，这就使得数据治理的范围难以在一开始就清晰地界定。随着项目的开展，项目团队会发现原来认为比较简单的问题可能是由更深层次的原因造成的，顺藤摸瓜，越摸越远。

- 数据治理的范围易扩大、难收敛：数据治理项目往往容易面临范围不断扩大的问题。例如，随着业务的变化和增长，数据治理的范围也会不断扩大。在这种情况下，如何控制范围的扩大、确保项目的目标和任务不会失控，是一项非常具有挑战性的工作。站在甲方的角度，会希望花一样的钱办更多的事情，对于前期界定不清晰的功能，会希望乙方按照满足真实场景中最复杂的业务场景的完整需求来处理。

- 项目干系人的需求不同：管理者大多数都是"屁股决定脑袋"的。例如，业务部门希望数据治理能够对部门的业务管理有直接的提升作用。这就需要优先考虑提高数据质量和可靠性，增强数据消费应用的灵活性与开放性。而 IT 部门希望数据治理能够提高数据传输过程的稳定性、数据质量、数据的安全性，以及运维过程的便捷性。不同的需求与期望会导致项目范围的"拉扯"，以及在项目实施过程中沟通和协调的困难。比如，数据来源缺少核心信息，站在业务部门领导的角度来说，缺少的信息就得想办法去补全，如果数据的收集需要改造老的业务系统，就去改造好了。可是同样的事情，站在 IT 部门的角度来说，改造老的业务系统是存在风险的，也需要排期，并评估资源的投入，能不改最好别改，不要给自己找麻烦。

- 数据治理的复杂性：数据治理项目会涉及多个业务部门和 IT 部门，需要协调与整合多种技术及业务手段。这就使得数据治理项目的复杂性很高，在项目范围的边界和变更管理上要参与的各方达成一致意见也就变得十分困难。

认识到数据治理项目中可能遇到的困难和风险，提前沟通，事先约定，是非常有必要的。如果是乙方提供技术咨询服务，那么其一定要非常重视 SOW（工作说明书）约定，尽可能地细化服务的内容，在签订合同的阶段就达成一致预期。在项目执行过程中，乙方要将各个需要明确的事项通过文字清晰地记录下来，形成正式文件。在涉及变更的事项时，各方要签字确认变更的范围和原因，用规范化的项目管理流程来应对潜在的需求变化，将不太紧急的需求尽量安排到后续的迭代周期中。"变"是一定会存在的，关键是要有序地"变"，要考虑到变动产生的后果和所应采取的处置方案，对于由变更导致的成本增加，要由各方达成一致的"消化"方式。

5.2　长效运营与持续改善

数据治理是一个持续性的过程，需要长期的投入和维护，以充分释放数据资产的价值。建立长效运营和持续改善机制是数据治理的重要组成部分，能够不断提高数据治理的效率和效果，推进数字化转型与创新，从而实现数据资产的价值最大化及可持续性。

唯有将数据治理视为一项重要的业务和一种价值观念，而非简单的技术手段，才能促进企业整体的数字化转型和创新。能否建立长效运营与持续改善机制的关键在于企业如何看待数据资产价值、如何看待数字化转型，以及如何正确理解数据治理过程。

企业把数据驱动管理视为未来一项重要的战略性举措，不仅要为其提供足够的资源和支持，还要建立一个长效的、可持续改善的数据治理机制。如果企业在经营管理过程中并不重视数据思维，就很难实现数据治理的目标和任务。因为从在执行层的角度来说，肯定是多一事不如少一事，制度一定会带来限制，所以很多数据治理制度停留在纸面上，被束之高阁，很难得到有效的贯彻执行。

企业把数字化转型视为重要的竞争优势构建手段，并将数据治理作为数字化转型的基础能力，因此必须考虑为建立长效数据治理机制投入相应的资源。如果企业对数字化转型重视不够，或者口号喊得比较多，真金白银投入得比较少，就很难将数字化转型的目标和任务落到实处。

在过去几十年经济快速增长的大环境下，企业追求高速扩张，在管理上比较粗放，发展带来的一片繁荣会掩盖很多管理方面的效率问题。而在新冠疫情爆发后，在巨大的外部压力之下，企业也需要从野蛮式的扩张转为注重精细化的修炼内功。这既是对管理思路的调整，也是在深层次对企业旧有利益格局的打破。对于数字化转型过程中的困难，需要企业一把手的决心和意志来推动解决，需要企业高层团结一心。这必然是一个长期的过程，大家对此需要有清醒的认识。

5.2.1　组织挑战

案例：某医疗器械公司启动数据治理项目，旨在通过建立一套数据治理机制来规范数据资产的管理和使用、提高数据质量与价值。然而，在项目实施过程中，该公司遭遇到了组织结构层面的挑战，导致项目陷入了困境。

该公司数据治理项目团队中的项目经理本身的职务层级和权限不足，团队缺乏一个强有力的领导者，任务执行效果不佳。项目团队成员来自多个部门，包括技术部门、市场部门、采购部门、客户服务部门等。项目经理对成员没有直接的考核权限。而且，每个成员的职责划分不够明确，导致任务分配和执行效率不高。该公司在项目实施过程中遇到了很多困难，包括决策权和授权不足、任务重叠和沟通不畅等。这些问题使得该公司数据治理项目团队难以提高工作效率，项目进展缓慢。

明确谁是数据责任人（也就是通常所说的数据 Owner）对数据治理实践而言十分重要，数据 Owner 在数据治理体系中发挥着重要的作用。数据治理项目最好由业务价值驱动，用以解决业务问题。从这个角度而言，该公司应该考虑让相关的业务部门来承担自己的业务数据管理责任，而且必须指派唯一的数据 Owner。

数据 Owner 最基本的职责就是确保关键数据被识别、分类、定义及标准化，确保数据的定义在公司范围内是唯一的。另外，数据 Owner 还要保证自己管理的数据质量、关注自己的数据服务，同时满足公司其他部门对自己管辖的领域的数据需求。当数据出现争议或问题时，数据 Owner 要负责解决。如果数据 Owner 解决不了，则该争议或问题交由上一级别的数据管理机构解决。

5.2.2　文化挑战

案例：某制造业公司开展数据治理项目，希望建立一套完善的数据治理机制，来提高数据质量和价值，从而帮助该公司实现数字化转型。然而，在项目实施过程中，因该公司过分重视 KPI 文化而陷入困境。

在项目开始实施前，该公司的高层领导就已经确定了数据治理项目的 KPI，并将其作为项目执行的重要标准。数据治理项目团队在项目实施过程中必须达到这些 KPI 才能得到认可，否则就会面临惩罚。这种 KPI 文化在该公司内部非常普遍，许多员工甚至将其视为考核绩效的唯一标准。

然而，该公司在数据治理项目的实施过程中遇到了一些困难。首先，数据治理项目团队因过于关注 KPI 而忽略了数据资产的实际价值和业务应用。数据治理项目团队在推进项目时将 KPI 放在了第一位，而忽略了对数据治理项目的长期规划。其次，该公司的员工在数据治理方面缺乏足够的知识和技能。数据治理项目团队尝试通过培训和知识普及活动解决这些问题，但员工的参与度不高，学习效果不理想。这是因为 KPI 虽然与数据治理项目团队有关，但与业务部门的员工并没有直接关联。

5.3　项目实践中的难点

数据治理是一个复杂的过程，在数据治理项目实践中，企业会遇到以下困难。

- 数据来源不确定：缺乏清晰的数据来源，数据质量、可靠性和完整性存在不确定性，企业需要在数据采集及整合过程中做大量的数据处理工作。比如，销售数据来自多个不同的系统和渠道，包括企业的 ERP 系统、CRM 系统、电商平台（国内电商平台众多）、外卖平台、订货平台、DMS、零售店铺等多个渠道，不同的渠道使用不同的数据格式和标准，数据的精度及完整性存在差异，销售组织机构的划分方式也可能不一致。此外，销售数据还需要和其他数据进行关联分析，包括订单数据、产品数据、客户数据、供应商数据等。

- 数据规模庞大：随着业务的增长和数字化转型的深入，企业的数据规模不断增大，数据治理项目团队需要处理的数据规模庞大。

- 组织结构复杂：数据治理涉及多个部门和职能，数据治理项目团队要协调各个部门的利益和关系，以保证数据治理项目能够顺利实施。如果企业中"山头主义"严重，则下级运营部门未必愿意花费精力让企业把各项数据指标透明化，因为精确的数字化会削弱运营部门的自主权。

- 技术复杂度高：数据治理会应用各种复杂的技术手段，包括数据采集、存储、加工、分析、应用等，数据治理项目团队需要具备一定的技术能力和专业知识。

- 投入不足：数据治理项目要有大量的人力、物力和财力投入，但企业缺乏足够的预算、项目资源配置不足，导致项目进展缓慢或停滞。企业应当仔细评估数据治理项目的重要程度，充分投入资源，提供必要的支持。

- 数据安全和隐私问题：如果敏感信息和隐私数据未能得到妥善保护，则会引发数据安全和隐私问题，企业必须采取有效的措施。然而，严格的加密机制和精细化的权限管控会带来管理成本的提高。

在数据治理项目实践中，最难的问题是数据思维与企业文化的适配问题。进行数据治理需要在企业内部营造重视数据、注重数据价值和意义的文化氛围，但是有些企业的企业文化和价值观会阻碍数据治理项目的实施，举例如下。

- 数据不被认可：在一些企业中，数据被认为是"附属品""配角"，甚至被忽略。比如，企业中人脉关系比数据更加重要，员工宁愿会花大量的时间在人脉经营上；企业非常传统，缺乏对科技创新的重视和理解，管理者认为过往经验和直觉比当下的数据更可靠，不愿意使用数据来支持决策与管理。

- 过度强调技术：企业认为技术可以解决一切问题，忽视数据治理项目中的组织和人员因素，导致数据治理项目无法得到有效的推进。

- 重视 KPI 文化：企业注重短期业绩，忽略了长期数据治理项目的价值和意义，从而导致数据治理项目难以持续发展及推进。

- 阿米巴文化：企业过分强调部门独立经营的能力，部门之间进行合作时要严格核算成本，存在严重的利益博弈，难以形成有效的一体化数据治理机制。

数据治理在实践中还会遇到很多具体的细节性问题。比如，数据分类不清楚，客户数据由不同的部门维护，导致同一客户的信息在不同的系统或表中有不同的记录，这些记录包含不同的字段。此外，各部门使用不同的分类方法或标准，同一客户被分成不同类别，难以进行跨部门的数据分析和管理。为了解决这类问题，企业要制定一套清晰的数据分类标准和流程，保证数据的一致性与可管理性。

理想很丰满，现实却很"骨感"。企业高层对数据治理的态度大多数是"想要搞好，但是不想多花钱"。但数据治理是需要花费许多精力去实施的，而且经常会遇到各种各样的困难。

巧妇难为无米之炊。既然是数据治理项目，首先得有数据。正常来说，对于企业的数据，只要有权限，就几乎是人人都可以获取的。但是在实际操作中，也会遇见个别部门的负责人不愿意配合（不配合的原因有很多，有可能是管理有漏洞，不想暴露，有可能是因为利益，有可能是思维偏向保守，也有可能是"山头主义"思想作祟等），部分关键数据总是不能及时采集到；业务部门的对接人员不愿意认真配合，不按照数据要求来提供相关数据，要不就是以工作忙为借口，只愿意在空闲时间配合。比如，他们说月末和月初都很忙，肯定是没空的。

制定数据标准是必须做的事，这是后续开展一系列数据治理工作的前提。而定义这些数据（指标、字段）不是那么容易的。如果一件事情，你知道怎么做，但是仅靠你一个人做不成，需要依赖其他部门的支持，那么这件事情大概率做起来会有些费力。当遇到需要多部门协作配合的情况时，数据治理项目团队的成员必须具备很强的协调、沟通、表达能力，需要有足够的耐心和毅力，而且要有较为完善的组织机制和工作流程作为保障，必要时将问题升级到企业层面来协调解决。

举例如下。某公司的两大核心事业部各自搞了一套标签，对客户进行画像。因为原始数据的问题很多，所以标签不准确。比如，男性、年轻妈妈这种互通冲突的标签贴在了同一个客户数据上。该公司安排信息部门协调解决这件事，推动标签合并。几个月过去了，几方人员各说各话，工作毫无进展。推动标签合并，实质是要给标签建立统一的数据标准，在这个过程中需要有人来处理争议。有时众口难调，难以处理的争议内容就要有问题上升机制，由两个核心事业部更上层的管理者来出面拍板解决。数据既然是一种资源，那么掌控资源就意味着拥有了话语权，数据标准之争实质是权力之争。这并非一个简单的技术问题，不是同级部门可以自行协调处理的。

数据采集要做好也不容易。要么有价值的数据一开始没有被采集，等到需要的时候没有数据可用，干着急；要么采集了很多自以为很有价值的数据，结果却没有与业务场景结合，也就无法形成管理闭环，发挥不了数据的价值。

优秀的数据管理人员要懂业务、懂数据、懂技术、懂管理，而符合这些条件的人，就某家企业内部而言基本上不会太多。数据治理是实践中的学问，需要经验的沉淀和积累，只有常年深度参与数据治理各个环节的人才能真正把握数据治理的难点，并有各种处置和应对方案。只有持续地做出成果，才能赢得高层支持，获得更多的资源，形成良性循环。这对于数据治理项目团队成员的学习能力、执行能力都是不小的考验。

人的问题比技术问题更难以解决。有些企业内部派系林立，如跟随老板创业的元老派、老板的亲朋故友、空降的职业经理人等各种小团体，彼此之间有矛盾，干活的时候对人不对事，凡是对方赞同的，己方都要唱对台戏、"上眼药"。如果在这种复杂的职场生态中开展数据治理相关工作，则需要数据治理项目团队成员具备相当高的情商。即使是顶尖的咨询公司，栽倒在此类项目中的也不在少数。

5.4　本章小结

数据治理项目实施过程管理是确保项目成功的关键。采用项目管理的方式来推进数据治理的落地实施有许多好处。项目管理能够确保数据治理项目按计划进行、合理分配资源、控制进度、降低项目风险，以达成预期目标。同时，项目管理可以帮助企业明确项目的范围和目标，确保项目团队和相关部门在同一方向上努力。此外，项目管理还可以提供有效的沟通渠道，启动会和例行会议可以帮助项目团队成员与利益相关者保持信息的透明及共享，确保项目目标导向，及时解决问题。

项目实践中的难点包括技术环境、业务流程、管理制度、数据标准和人员能力等诸多方面。要有效地应对数据治理项目实施落地过程中的各种挑战，关键在于全面规划、紧密协作和持续改进。企业在数据治理项目启动前应充分了解组织的需求和目标，制订详细的项目计划，并明确责任和角色。企业应建立数据治理项目团队，跨部门协作，确保各方的参与和支持。在实施过程中，企业要重视数据质量、数据安全和数据隐私的管理，保障数据的准确性和可信度；建立透明的沟通渠道，及时解决问题和调整策略，提高数据治理项目团队的积极性和合作性。此外，数据治理项目团队还应持续改进数据治理流程和措施，不断优化数据治理方案，适应组织的变化和发展；通过综合考虑业务需求、技术挑战和组织文化，有效应对数据治理项目实施过程中的各种挑战，确保项目成功落地并取得持续的成效。

第6章

数据治理工具箱

大炮不能打蚊子。

杀鸡焉能用牛刀。

工欲善其事，必先利其器。

称手的工具可以提高工作效率，起到事半功倍的作用。不同的工具软件具备的功能在细节方面存在极大的差异，也会有一些独特的功能限制，抑或在某些场景存在让人无法忍受的缺陷，在学习成本和操作便捷性等方面也不一样。

数据治理体系规划和落地实施过程十分复杂，涉及数据 ETL、主数据管理、元数据管理、数据标准管理、数据质量管理、数据开放服务等诸多方面。本章将主要介绍数据治理项目中经常使用到的六大类工具，如图 6-1 所示。优秀的工具软件可以进行数据质量检查、监控和修复，提供数据清洗、转换和整合的功能，具备良好的互操作性和集成性，能够与企业现有的系统和技术环境无缝集成。某些数据治理工具软件拥有一定程度的自动化和智能化功能，极大地减少了人工操作和重复性工作。

图 6-1

重视工具软件的选择对于数据治理体系规划和平台建设过程至关重要。合适的工具软件能够提高效率、增强数据质量、强化数据安全、提升数据可视化和分析能力，并且能够方便地持续改进和迭代。通过工具软件的使用，可以在确保数据治理作业流程的顺畅性和一致性的同时，节省时间和精力，帮助企业更高效地进行数据治理活动。

很多从事数据治理工作多年的人存在"只见森林，不识树木"的问题。他们用过 DataWorks、Dataphin、DataArts、袋鼠云等各种商业数据治理产品套件，对于数据治理具体工作内容的执行细节也比较熟悉，却不了解这些商业套件可以拆解成哪些独立的功能系统。故此，本章会介绍与数据治理工作相关的开源产品。

之所以介绍开源产品，一方面是因为开源系统相对容易获取，读者学习和研究开源系统更容易，另一方面是因为很多商业产品的内核研发过程也会参考开源产品的功能架构及核心代码设计思路。某些号称自研的商业产品，实际上仅是对采用商业友好型许可证（如 MIT、Apache 开源许可等）的开源产品进行了基本的改进，并通过更换品牌名称进行销售。使用商业套件产品，在享受便利性的同时，必然会受到约束，因为商业产品很难自由地增强其功能。

如果把使用商业产品比喻成驾驶一辆流水线上标准化生产制造的小轿车，那么研究开源产品、自己用开源产品搭建出整套的数据治理平台就像自己采购零配件、自己组装的一辆小轿车。在这个过程中，人们研究里面的各个部件，具备拆解、组合的能力，明白其工作原理，能够对某些部件进行定制化的增强，完成小轿车改装。从这个角度来说，研究开源世界的产品，对于人们深入理解技术工具底层的运作过程非常有帮助，还能够开阔视野，使人们在遇到复杂的数据治理技术问题时不局限于商业产品的标准功能，而是考虑用个性化的定制增强型工具来解决问题。

6.1　数据 ETL 工具

数据 ETL 工具主要用于从不同数据源中抽取数据，进行数据转换和清洗，并最终将数据加载到目标系统中。通过使用数据 ETL 工具，企业可以更轻松地将不同来源的数据整合到一起。本节将重点介绍常见数据 ETL 工具的功能与特点，以及一些知名的开源和商业数据 ETL 工具。另外，本节还会讨论这些工具的缺陷，并提供选型建议。

6.1.1 功能与特点

数据 ETL 工具用于数据抽取、转换和加载（Extract，Transform，Load），ETL 本身就是由这 3 个单词的首字母组成的。数据 ETL 工具发展了几十年，存在很多不同类型的 ETL 解决方案。数据 ETL 工具种类多，对使用者来说选择就多，做出选择的机会成本就高。不同的数据 ETL 产品诞生的时间不同，有各自最适合的应用场景，学习成本和运维成本也有差异。有些 ETL 产品适合本地部署的数据环境，也有些被用于云原生环境。

ETL 任务的多少往往和企业规模、IT 系统的复杂度呈"指数级正相关"。越复杂、集成化和智能化程度越高的 IT 架构中需要调度的任务就越多。在大型企业中，动辄数万个 ETL 任务已屡见不鲜。当任务调度出现异常时，问题的排查是一个非常复杂的难题。

数据 ETL 工具主要的功能与特点如下所述。

- 数据提取：数据 ETL 工具可以从各种数据源中提取数据，如关系数据库、非关系数据库、文件系统、Web API 等。这些数据源提供的数据可以是结构化、半结构化或非结构化的。

- 数据转换：将提取的数据转换成目标数据格式，如对数据进行清洗、过滤、映射、合并、聚合、分割、格式化、计算等操作。转换的目的是使数据更加符合目标系统的要求。

- 数据加载：通过数据 ETL 工具将转换后的数据加载到目标系统中，如关系数据库、非关系数据库、数据仓库等。加载的目的是使数据可用于分析、报表、业务决策等。

- 批处理和实时处理：数据 ETL 工具可以支持批处理和实时处理两种模式。批处理是指将一批数据一次性处理完毕，通常适用于周期性的数据集成任务。实时处理是指对流数据进行实时处理，用于对实时性要求较高的数据处理任务。

- 可视化和配置化：多数数据 ETL 工具有可视化配置的界面，能够使用户方便地管理数据集成任务，降低了开发难度，提高了生产效率。
- 扩展性和可定制化：优秀的数据 ETL 工具拥有高度的扩展性和易于定制化的能力。用户可以编写自定义的插件和脚本，以满足特定的需求。很多宣传为自主研发的数据 ETL 工具也是基于开源产品修改的。

企业级 ETL 工具适用于多种业务场景，能够稳定且高效地将数据从一个或多个源系统抽取出来，经过清洗后加载到目标系统中。

数据 ETL 工具的作业过程及主要功能如图 6-2 所示。数据被数据 ETL 工具从数据源中采集出来，经过处理后，被加载到目标数据库。数据 ETL 工具中既有直接用于数据的清洗、补全、脱敏和计算等功能，也有用于作业过程管理的任务调度、执行监控、错误预警、补偿重试等功能。部分 ETL 工具还有专门的质量检测和冲突解决功能。为了存储各种类型的配置规则，ETL 工具会有独立的数据库。在执行作业任务的过程中，会用到数据缓冲库。

功能全面的 ETL 套件工具能够处理来自不同数据源的数据，这些数据源包括常见的关系数据库、实时数据源，以及外部 SaaS 平台的 API 等。在将数据加载到目标数据库的过程中，这些产品具有保证数据一致性的功能，并能进行分布式的事务控制。当处理大量数据时，它们还能支持断点续传功能。随着新一代技术的发展，在多云、混合云时代下，数据 ETL 工具的创新与升级朝着开放性、智能化的方向不断迭代。

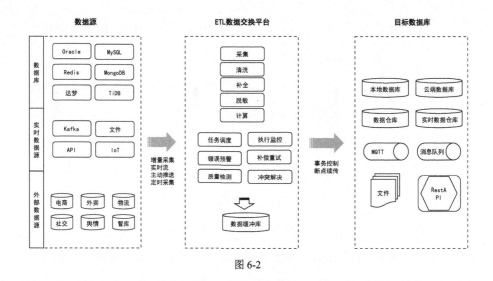

图 6-2

6.1.2 开源 ETL 产品

市面上有很多的开源 ETL 产品，其中一些主流产品如下所述。

- Kettle：这是业界知名的老牌开源 ETL 工具，纯 Java 编写。Kettle 家族目前包括 4 款产品：Spoon、Pan、CHEF、Kitchen，这些都是开源的 C/S 架构数据集成套件，提供易用的可视化界面，可以通过图形化拖曳和连接方式搭建数据流程。Kettle 基于 JVM（Java Virtual Machine，Java 虚拟机）可以跨平台部署，但其程序启动时速度慢、性能较差，采用主从架构，而非高可用架构，无法集群化部署，扩展性差，架构容错性低，不适用于大数据场景。可视化 Web 管理界面 KettleOnline 的源代码不开源。

- StreamSets：该产品主要包含 Data Collector、Transformer 和 Control Hub。StreamSets 提供实时数据流处理、数据流监控和数据流版本控制等功能，支持多种数据源和目标的集成；通过拖曳式的可视化界面，

可实现数据管道（Pipelines）的设计和定时任务调度；支持上百种数据
源和目标源可视化内置调度监控，可实时观测数据流和数据质量；可
以实现对每个字段的过滤、更改、编码、聚合等操作。Data Collector
是一种轻量级、功能强大的设计和执行引擎，可实时传输数据，目前
为开源产品。Transformer 可在 Apache Spark 上运行数据管道，暂未开
源。Control Hub 是所有数据管道的中央控制点，属于收费产品。

- DataX：这是阿里云 DataWorks 数据集成的开源版本，在阿里巴巴集
团内被广泛使用的离线数据同步工具/平台。DataX 可以将作业状态、
数据流量、数据速度、执行进度等信息进行全面的展示，使相关人员
实时了解作业状态。DataX 提供多种脏数据处理模式，可以做到线程
级别、作业级别多层次局部/全局的重试，保证作业稳定运行。DataX
可以搭配 DolphinScheduler 使用，该任务调度系统用于解决数据处理
流程中错综复杂的依赖关系。

- Talend Open Studio：它以 Eclipse 插件形式存在，用户可以在 IDE（集
成开发环境）中设计不同的数据处理流程。这些流程设计在 IDE 内
部进行测试，并编译成 Java 代码，运行效率高。但每次更改逻辑时，
都需要重新构建代码，这对于非技术用户来说并不友好。这款 ETL
工具有超过 900 个连接器，可以连接各种不同的数据源。此外，它
还具备强大的数据映射和代码生成能力。

- 细分功能产品：这类产品的功能相对单一。比如，Canal 属于纯 Java
开发产品，主要支持 MySQL，基于数据库增量日志解析提供增量数
据实时订阅和消费能力，在很多大型的互联网项目生产环境中使用。
值得大家关注的产品还有 Sqoop，即 SQL-to-Hadoop，也就是"SQL

到 Hadoop 和 Hadoop 到 SQL"，其对 Hadoop 的支持度高。其他如 Flume、Logstash 等工具在日志数据的 ETL 处理方面也各具特色。

6.1.3　商业 ETL 产品

以下是常见的商业 ETL 产品。

- PowerCenter：这是 Informatica 公司开发的企业级 ETL 产品，常年被 Gartner 评为数据集成工具魔力象限领导者。PowerCenter 采用 C/S 架构，提供强大的数据转换和集成功能，以及良好的数据质量管理与数据安全功能。它在金融、能源行业中的客户多，售价不低，对于小型组织而言，学习成本高。

- DataStage：这是 IBM 收购的产品，功能非常全面，但对硬件的要求较高，使用门槛高，价格不菲，在金融、电信和能源行业中有很多客户。DataStage 擅长处理日常的数据批处理任务，但在实时数据传输方面的功能不是很强大。该产品在执行过程中会产生详尽的日志，但这也会占用大量的存储空间。用户在使用该产品的过程中如果需要技术支持则可以联系 IBM，不过服务是需要额外付费的。

- SSIS：这微软的一款产品——SQL Server Integration Services（SSIS），是 SQL Server 的一部分。该产品继承了微软一贯的用户友好交互界面，拥有强大的数据转换和集成功能，并且可以轻松地与微软的其他产品进行集成。SSIS 通常会与 SSAS、SSRS、Power BI 等产品一同使用，相关的学习资源非常丰富。

- ODI：这是 Oracle 数据库厂商提供的产品。Oracle Data Integrator（ODI）提供了强大的数据转换和集成功能，与 Oracle 数据库深度耦合，同时支持大数据和云环境下的数据集成。在 ODI 的工作流程中，数据会被传输到目标数据库，在目标数据库中进行数据清洗和转换处理，而不是在 ODI 本身进行。如果企业的数据处理流程复杂，则会对目标数据库产生压力。ODI 的运行监控能力较弱，获取技术支持比较困难，也不支持复杂的工作流设计和断点续传功能。

6.1.4　缺陷评述

ETL 产品存在一些常见的缺陷，举例如下。

- 性能问题：在处理大量数据时，一些数据 ETL 产品会遇到性能瓶颈，尤其是在需要进行复杂数据转换或实时数据处理的场景中。在高并发场景中，很多数据 ETL 产品的表现并不稳定。

- 缺乏实时处理能力：有些数据 ETL 产品虽然可以处理批量数据，但在处理实时或近实时数据时表现不佳。

- 扩展性问题：一些数据 ETL 产品在设计时没有充分考虑到扩展性，当数据量增长或需求变化时无法灵活适应。

- 使用复杂：有些数据 ETL 产品的使用门槛较高，需要用户具备专业的技术知识和经验才能有效使用。

- 兼容性问题：某些数据 ETL 产品只与特定的数据源或目标数据库兼容，这在一些异构环境中会引发问题。

- 成本问题：一些商业 ETL 产品的授权费用较高。

- 监控和调试困难：一些数据 ETL 产品缺乏有效的错误处理机制，或者提供的日志和监控工具无法满足复杂的调试及问题排查需求。

当然，这些缺陷并不是所有数据 ETL 产品都存在的，不同的产品会有不同的优点和缺点。企业在选择数据 ETL 产品时，应根据具体的业务需求和技术环境进行考虑。

虽然开源 ETL 产品有很多优点，如成本低、源代码可见、可定制性高等，但在实际使用中可能会遇到以下问题。

- 技术支持和维护问题：与商业 ETL 产品相比，开源 ETL 产品缺乏官方的直接技术支持和定期的维护更新。虽然有社区支持，但其解决问题的速度和质量不如商业产品。

- 文档和学习资源有限：开源 ETL 产品的文档不如商业 ETL 产品完善，特别是一些小型或新兴的开源项目，缺乏详细的使用教程和最佳实践指南。

- 稳定性和可靠性问题：一些开源 ETL 产品没有经过大规模商业环境的严格测试，存在稳定性和可靠性问题。

- 功能上的限制：虽然许多开源 ETL 产品都提供了基本的数据提取、转换和加载功能，但缺乏一些高级功能。

- 性能和扩展性问题：对于处理大规模数据集，一些开源 ETL 产品无法提供与商业工具相媲美的性能。

- 兼容性问题：一些开源 ETL 产品只支持特定的数据源和目标数据库，或者在处理某些类型的数据时存在问题。

企业在选择开源 ETL 产品时，必须充分考虑这些潜在的问题及风险，并根据具体的业务需求和技术环境进行评估。

6.1.5 选型建议

特别是在 BI 项目中，面对海量数据的 ETL 时，企业必须考虑开发效率、维护、性能、学习曲线、人员技能等各方面因素。数据 ETL 产品的选型建议如下。

- 明确需求：企业应明确业务对数据治理的需求，包括数据来源、数据量、数据格式、数据转换、数据集成、数据质量等方面。如果不需要实时更新需求，则企业可以使用只有批处理能力的工具。同时，企业也要考虑，随着业务的增长，数据 ETL 需求也会随之增长，如数据量、不同的数据源和格式、第三方调用等也会有新的需求出现，如果可以的话，企业应尽量选择能够在一定程度上满足未来业务需求的数据 ETL 产品。

- 综合考虑功能和性能：企业应检查数据 ETL 产品是否采用高可用架构，能否进行容器化部署、弹性扩容及自动实现主从切换；检查数据 ETL 产品默认内置哪些连接器，是否方便拓展集成新的数据源；错误处理和故障排查的能力也很值得关注。在 ETL 流程中，难免会遇到异常问题导致数据管道受损的情况，如由数据损坏或网络故障引发的错误。数据 ETL 产品的故障预警、任务重跑、断点续传、智能化的资源故障转移，以及是否可以自定义故障处理策略等，都是决定其效能的重要特性。

- 评估可用性和易用性：企业应考虑数据 ETL 产品在操作界面、操作流程、工作流程编排和调试等方面的易用性，选择简洁直观、易于上手的产品。此外，企业还应检查数据 ETL 工具是否提供 Web 界面以实现实时监控和数据访问，是否支持多租户模式，任务调度是否除定时任务外，还支持消息、事件、API 等触发机制，以及其数据质量管理机制的有效性。

- 考虑成本和维护：企业应关注许可证购买成本、软件升级和维护费用，以及人力资源开销，以便选择符合预算的产品。此外，企业还应评估数据 ETL 产品是否具有性能调优功能、提供了哪些技术文档，以及是否提供多种形式的技术支持，如远程、企业微信、社区及上门服务等。同时，企业也要评估数据 ETL 产品在执行过程中的日志记录和监控功能是否完善。

- 参考用户评价和案例：企业可以参考其他用户的评价和应用案例，了解数据 ETL 工具的优缺点、应用场景和使用体验等。我国市场上的技术话语权掌握在头部大厂手中，因此简单地模仿和复制大厂的技术栈很容易出现严重的性能问题。各企业要谨慎考量候选工具在对标的大厂应用场景中实际部署了多少硬件资源，而自己的项目中又能有多少资源投入。适合深海航行的巨型航母在内陆的江河中是会搁浅的。技术选型要有现实感，可以适度超前，但切忌好高骛远。

6.2 主数据管理工具

主数据管理工具主要用于定义、管理和维护企业中的主数据，如客户、产品、供应商等数据。本节将介绍主数据管理工具的功能与特点，以及一些知名的开源和商业主数据管理产品，简要评述这些产品的缺陷，并提供选型建议。

6.2.1 功能与特点

典型的 MDM（Master Data Management，主数据管理）系统的总体架构通常提供主数据录入、审批、生效、冻结、失效、质量监控等生命周期流程的管理能力；平台提供对外标准接口与外部业务系统集成；支持人工录入、Excel 文件导入、系统 API 集成、自动同步数据库中的数据等多种主数据采集方式；可以记录主数据版本、日志，控制数据访问权限，具备全局监控主数据平台运转的资源消耗等功能；能够根据企业的需求和业务流程进行个性化配置。

典型的 MDM 系统的功能架构如图 6-3 所示。

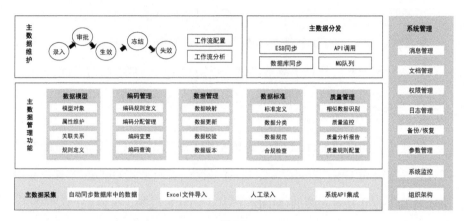

图 6-3

某些商业版本的 MDM 系统也会内置物料、人员、组织、客户、供应商、银行账号等标准主数据模型，支持用户根据业务场景动态建立主表模型、子表模型和独立模型。

MDM 系统的核心能力主要包括以下几种。

- 数据整合：MDM 系统可以从各种异构系统中整合数据，构建统一的主数据视图。

- 数据质量管理：MDM 系统提供数据质量管理工具，支持数据清洗、去重、标准化等操作，以保证主数据的准确性和一致性。

- 数据治理：MDM 系统支持主数据的版本控制、主数据的生命周期管理、数据的权限管理等，以保证主数据的可控性和合规性。

- 数据模型管理：MDM 系统支持主数据模型的创建、修改和管理，以满足不同的业务需求。

- 业务流程管理：MDM 系统支持业务流程的定义和管理，如主数据审核流程、主数据修改流程等，以保证主数据操作流程的规范性。

- 数据服务：MDM 系统开放数据服务接口，支持主数据的查询、更新、删除等操作，以满足各种业务系统对主数据的访问需求。

- 数据安全：MDM 系统具备数据安全保障机制，包括数据加密、数据备份和恢复、数据隔离等功能，以防止主数据被非法访问或丢失。

6.2.2　开源 MDM 产品

相比众多的开源 ETL 工具，开源 MDM 产品并不常见。感兴趣的读者可以关注 Talend Open Studio for MDM 社区版。码云和 Github 中有一些由小团队或个体开发者开源的 MDM 产品，如智数通等。但这些产品的社区活跃度较低，技术迭代也较为缓慢且不够稳定。在国内，各企业在 MDM 项目的实施中很少会选择使用开源 MDM 产品。

6.2.3　商业 MDM 产品

主数据的管理十分重要，企业也有付费意愿，因此商业 MDM 产品比较多。

常见的商业 MDM 产品如下。

- MDG：这是一种集中式的 MDM 解决方案，可以管理企业的所有主数据实体。这也是一款比较复杂的产品，学习曲线比较陡峭，需要购买许可证，并支付不菲的实施和维护费用。MDG 在高并发场景中的性能方面存在一些问题，但可以部署在本地或云端。这款产品特别针对 SAP 公司的 ERP 产品进行了优化。在使用 SAP ERP 系统的客户中，选择 MDG 的较多。

- IBM MDM：这是一款完整的 MDM 产品，具有高度的可扩展性和灵活性，支持多种部署方式和数据模型。IBM MDM 在国内拥有分支机构及厂商直接实施能力，在银行、保险、医疗和政府等行业应用得比较广泛。

- Stibo Systems：这是丹麦公司思迪博软件（Stibo Systems）开发的一种主数据解决方案。它集成所需的各种应用组件，大多数功能开箱即用。其客户群体在零售、制造、分销、医疗等领域分布较多，如宝洁、沃尔玛、麦当劳等。其在欧洲的客户大多分布于零售和分销领域，在中国市场中以制造业客户为主。

- Informatica MDM：该产品具有高度的可扩展性、可定制性和灵活性，可以与多种数据源和应用程序无缝集成。该产品需要实施人员具备大量 MDM 方面的技能和专业知识。

- Oracle：其目前的 MDM 策略与 Oracle Cloud 紧密结合，正从永久授权定价模式转变为基于云计算的订购定价模式。

- 国内厂商的 MDM 产品：很多综合性的信息化厂商都有自己的 MDM 产品，如金蝶、用友、普元等；也有 MDM 专业性厂商，如亿信华辰、三维天地、德慧等。

6.2.4　缺陷评述

具有高级功能的 MDM 产品在使用过程中会显得复杂。在 MDM 产品的设计、研发过程中，往往需要在全面性和易用性之间寻找平衡，这就涉及对不同功能的取舍。因此，MDM 产品会存在不同的功能短板或缺陷。

MDM 产品常见的缺陷如下所述。

- 复杂性：某些 MDM 产品很复杂，使用者要有专业知识和技能才能有效地使用与管理这些产品，必须投入较多额外的时间和资源进行培训。

- 高昂的成本：有些 MDM 解决方案的购买和实施成本非常高，维护和升级也需要额外的费用投入。

- 集成问题：部分 MDM 产品的集成能力相对较弱，与现有系统或应用程序的整合会需要大量的定制开发；任务调度和异常处理机制不健全，对数据的一致性和准确性造成了影响。

- 性能问题：在处理大量数据或复杂查询时，有些 MDM 产品会出现性能问题。

- 缺乏足够的数据质量工具：并非所有的 MDM 解决方案都有足够的数据质量工具来标准化数据。

- 功能不全面：有一些 MDM 产品的系统功能比较简单，没有完善的数据治理能力，如缺乏数据权限管理、数据生命周期管理等功能。

6.2.5 选型建议

对于 MDM 系统，企业需要综合考虑多个因素，并根据企业的实际需求做出选择。以下是选型方面的建议。

- 确定需求：在选型之前，企业应该明确自身的主数据管理需求，包括管理的主数据类型、数据质量要求、数据集成、安全性等方面。明确这些需求将有助于企业筛选合适的 MDM 系统。

- 功能评估：评估 MDM 系统的功能，包括数据建模、数据映射、数据质量管理、数据整合、数据安全等方面；考虑企业的实际情况和需求，选择匹配需求的功能模块；检查 MDM 产品的集成能力，包括与现有系统的兼容性、与其他工具的集成能力等。

- 可扩展性评估：MDM 系统需要适应企业未来业务发展的需求，包括增加新的主数据类型、支持新的数据源等。

- 用户体验：MDM 系统应该具有易于使用、可定制性高，最好支持多语言等特性。

- 成本评估：企业应评估包括软件购买、部署和维护等方面的成本；评估系统总体成本和回报，确保所选择的系统能够为企业带来良好的投资回报率（Return On Investment，ROI）。

- 厂商背景调查：厂商背景包括但不限于厂商的资金、技术实力、服务质量等方面。除调查厂商背景外，企业也可以调查厂商产品主要客户群体所在的行业，从而选择可信赖的厂商。

企业是使用独立的 MDM 产品，还是在核心业务系统（如 ERP）中实现主数据管理功能，需要考虑以下几个关键点。

- 业务需求：如果企业的需求特别复杂或是特定的，那么选择独立的 MDM 产品会更好一些，因为它们通常具有更高的灵活性和可定制性。比如，独立的 MDM 产品对主数据的变更流程管控得非常精细和严格。

- 数据一致性：如果企业优先考虑采用简单的方法来保证数据的一致性，并且减少性能损耗，那么在 ERP 系统中实现主数据管理功能可能是更好的选择，这样在 ERP 系统的多个模块之间整合数据更方便。

- 成本：购买和实施独立的 MDM 产品的成本会高于在已有的 ERP 系统中增加主数据管理功能。

- 集成性：如果企业的 ERP 系统已经非常庞大和复杂，那么在 ERP 系统中实现主数据管理功能更加方便，这样不仅可以减少集成和兼容性问题，而且可以减少多系统之间数据同步传输带来的问题。

- 可扩展性：如果企业预计未来主数据管理需求将会增长或变化，那么就应该考虑选择方便扩展和升级的系统。在这种情况下，独立的 MDM 产品更具优势，并且可以给 ERP 系统减轻负担。

一般来说，处于相同行业和同等规模的软件公司在产品研发过程中会互相参考借鉴，功能上大同小异。我国商业 MDM 产品已经迅速达到国际水准，甚至在一些满足特色场景需要的能力上超过国外厂商。毕竟，国外 MDM 产品面临的市场竞争远没有我国商业 MDM 产品面临的市场竞争激烈。另外，由于产品发展时间很长、技术债很重，MDM 产品普遍架构庞大而复杂，多为 C/S 架构，对新技术架构的采用会比较迟缓。

MDM 产品的可配置性是其很重要的特点，通过配置尽量减少代码开发，这样的产品会更稳定，在实施过程中上线时间更短，且更易于运维和扩展。同时，由于主数据的数据量往往很大，而且主数据被众多外部系统调用，MDM 产品对大数据的处理性能也很关键。MDM 产品内置的标准编码和行业数据模型也是一个价值点。当然，软件产品的成熟需要具体业务场景的打磨，MDM 产品只有在长期的客户使用过程中才能得到持续优化、更新。

6.3　元数据管理工具

元数据管理工具通常具备元数据收集、存储、维护、查询等功能，同时支持数据血缘、数据关系等元数据关联的管理。本节将重点探讨元数据管理工具的相关内容，包括其功能与特点、开源元数据管理产品、商业元数据管理产品，以及评述这些工具的缺陷并提供选型建议。

6.3.1　功能与特点

元数据管理工具的核心功能包括元数据采集、定义、数据分类和标记、数据血缘追踪、数据访问控制、数据影响分析等。

元数据管理产品一般采用分层技术，在元数据存储模块中对技术元数据、业务元数据、管理元数据和元模型进行持久化存储；在元数据管理模块中，提供元数据的查询、建模、维护、分类和标记，以及权限管理、版本管理等功能；在元数据分析模块中，提供数据影响分析、数据血缘追踪、对比分析和数据质量分析等功能。

图 6-4 所示为元数据管理产品的架构图。

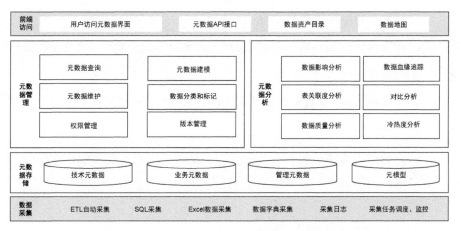

图 6-4

元数据管理产品的主要功能清单如下。

- 元数据采集：自动或手动从各种数据源（如数据库、数据仓库、文件系统等）采集元数据。

- 元数据存储和管理：具有统一的元数据仓库，用来存储和管理所有的元数据。

- 元数据搜索和查询：提供强大的元数据搜索和查询功能，使用户能够方便地查找与使用元数据。

- 元数据分类和标记：元数据管理工具支持对元数据进行分类和标记，以便进行管理与检索。

- 元数据关系图：元数据管理工具能够展示元数据之间的关系，如数据血缘。

- 元数据版本管理：元数据管理工具支持元数据的版本管理，可以跟踪元数据的变化。

- 元数据治理：元数据管理工具提供元数据的审计、数据质量管理、数据安全和隐私管理等治理功能。

- 元数据协作和共享：元数据管理工具支持多用户协作，以及元数据的共享和发布。

- 元数据 API：元数据管理工具提供开放 API，方便其他系统和工具调用元数据。

- 元数据报告和分析：元数据管理工具帮助用户理解和优化数据使用及数据管理。

6.3.2　开源元数据管理产品

常见的开源元数据管理产品如下所述。

- Apache Atlas：Apache Atlas 提供了数据资产的分类、发现、分析和控制能力，拥有多种接口和插件，方便用户进行集成和扩展。该平台最初为管理 Hadoop 项目的元数据而设计，随后演变为数据治理框架，可以大规模横向扩展，具有良好的集成能力，许多国内厂商的产品都是基于 Apache Atlas 二次开发的。Apache Atlas 支持元数据定制及扩展，历史悠久，但其界面设计相对复杂，数据检索也不太方便。

- DataHub：这是 LinkedIn 开源的元数据管理平台（不是阿里的那个 DataHub），支持多种数据源和数据类型，提供元数据分类、搜索、分析和共享的功能。其优势在于社区活跃、版本迭代快、界面易用、架构灵活及接口丰富。不过，DataHub 的中文资料相对较少。

- Amundsen：这是 Lyft 开源的元数据管理和数据发现平台，功能全面，社区活跃度高，版本更新频繁。Amundsen 与 DataHub 类似，都致力于成为现代数据栈中的数据目录产品，但 Amundsen 目前的中文文档较少，界面操作也不够便捷。

6.3.3　商业元数据管理产品

常见的商业元数据管理产品如下。

- Informatica Enterprise Data Catalog：该平台能够快速扫描、抽取、分类、分析和搜索企业数据资产，支持多种数据源和目标的集成，提供数据血缘分析、数据质量管理、数据安全性等功能，具有全面统一的元数据视图，包括企业数据目录、业务环境、标记、关系、数据质量等。

- Collibra：这是一款综合性的数据治理平台，提供包括元数据管理在内的众多数据治理功能，如数据血缘分析、数据质量管理、数据安全性检测等。Collibra 支持多种数据源和目标的集成，平台灵活且可配置，具备强大的元数据管理及数据资产管理功能。

- IBM InfoSphere Information Governance Catalog：此平台能够管理和搜索企业数据资产，支持多种数据源和目标的集成，提供用于搜索和浏览目录中的术语及类别的强大功能，包括查看定义、用法与相关术语等。

- Alation：Alation 支持多种关键元数据管理任务，包括数据评估、主动元数据和信任模型的使用。同时，Alation 具备将自动化数据库的存储内容整合于一个高度可检索的目录中的功能，并搭载了一套强大的推荐引擎。

- 国内厂商的元数据管理产品：许多数据中台、PaaS 平台、数据治理平台的软件厂商都会在自己的产品中包含元数据管理的功能模块。例如，亿信华辰、三维天地、华为云、阿里云、袋鼠云、星环、普元、元年等公司。

6.3.4 缺陷评述

元数据管理产品的常见缺陷如下所述。

- 集成问题：某些产品支持的数据源有限，集成过程比较复杂，需要定制开发。

- 易用性：一些开源的元数据管理产品的操作界面和用户体验方面存在问题。比如，用户界面交互不直观，用户需要具备高水平的专业知识才能有效使用。

- 功能限制：某些元数据管理产品功能做得很"浅"，或者缺乏部分高级功能，如缺少数据血缘分析、数据质量管理等功能。

- 性能和可扩展性：在大数据环境下，一些元数据管理产品在处理或进行复杂查询时存在性能问题。

- 自动化程度不高：某些元数据管理产品虽然提供了多种元数据自动抽取、数据血缘分析等功能，但是自动化程度还不够高，需要进行大量的人工干预和校正。

- 成本较高：一些商业元数据管理产品的价格比较昂贵，不适合中小型企业使用。同时，由于定制化集成和维护麻烦，这些产品的使用成本也比较高。

- 技术门槛较高：复杂的元数据管理产品需要用户具备一定的技术知识和技能才能使用，包括数据建模、数据集成、数据清洗、数据分析等方面的知识，对用户的技术要求较高，用户需要进行专业的培训和学习。

从另一个角度来看，目前市面上的元数据管理工具多数是被动式的元数据管理产品。相比主动式元数据管理，其产品的设计理念存在以下局限。

- 缺乏行动驱动：传统的元数据管理工具主要用于对元数据进行编目或存储，并未设计成可以根据元数据本身的信号来改善数据平台的性能或增强数据消费者的体验的模式。

- 被动管理：传统的元数据管理系统基本上是静态工具，依赖于数据人员来整理和记录数据。元数据管理的成功在很大程度上取决于实施和维护人员的能力。

- 无法智能预警和修复：当原始数据来源表中出现数据质量问题时，传统的元数据管理工具既不能自动报告数据的信息，也不能预测和修复数据质量问题。

6.3.5 选型建议

选择元数据管理产品时，企业可以考虑以下几个方面的因素。

- 产品功能全面性：元数据管理产品是否支持元数据的创建、收集、存储、查询、分析和共享等全套功能。这些功能是元数据管理的核心，不可或缺。

- 产品扩展性和集成能力：元数据管理产品是否可以轻松地扩展以满足企业未来的需求，并能够与企业现有的系统或应用程序进行集成。良好的扩展性和集成能力可以保证元数据管理系统的长期有效性及最大化利用。

- 产品易用性：元数据管理产品的学习曲线是否陡峭，是否易于使用。

- 产品支持的数据源类型和数据规模：元数据管理产品是否支持企业现有和未来可能使用的各种数据源，并且能够处理企业的数据规模。

- 产品的维护和支持：元数据管理产品的供应商是否能够提供良好的维护和技术支持服务。

- 参考用户评价和市场口碑：参考其他用户的评价和市场口碑，了解元数据管理产品的优、缺点和使用情况。企业应对元数据管理产品进行试用，以便更准确地评估元数据管理产品的实际效果和适用性。

6.4 数据标准管理工具

数据标准管理工具以各种标准（如国家、地方和行业标准）为基础，用于提高数据生产过程的一致性。数据标准管理工具将非结构化的标准文档转化为结构化的数据，使得标准能够在数据的产生和流动过程中发挥规范性的约束作用。此外，该类产品的管理范围从基础数据标准扩展到整个数据体系的标准管理，涵盖数据治理的各个阶段，形成一套由规范要求、流程制度、技术工具共同组成的体系，以实现数据标准的沉淀。

图 6-5 所示为数据标准管理工具的架构。

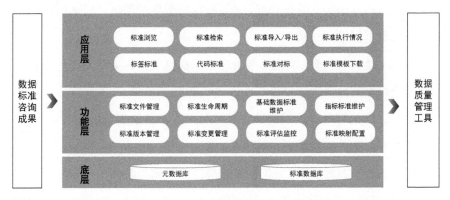

图 6-5

6.4.1　功能与特点

数据标准管理工具的主要功能包括以下几个方面。

- 数据标准浏览：数据标准管理工具提供全方位的数据标准信息浏览、查询功能，可以实现标准集查询、标准项浏览、标准集属性浏览、标准版本管理及订阅数据标准变更，以便用户及时了解和跟踪数据标准的最新信息。

- 数据标准分析：数据标准管理工具通过可视化方式呈现数据标准的综合情况，包括标准数量、映射数量、变更趋势、生效趋势等。

- 数据标准文件管理：数据标准管理工具在管理数据治理平台时参照各类标准文件，并与已经结构化的标准建立联系，以保证标准来源的可信度。

- 标准制定与维护：这是数据标准管理工具的核心功能。数据标准管理工具能够管理各种数据标准信息，包括标准代码和数据项的定义，制

225

定和维护数据格式、类型、值域、质量等方面的标准。

- 标准发布与传播：数据标准管理工具将数据标准发布到整个组织，让相关人员都能够了解和遵守这些标准。另外，数据标准管理工具通过数据标准的版本管理功能，对数据标准变更过程进行版本控制，以确保数据标准的一致性。

- 标准执行与检查：数据标准管理工具提供工具和流程，执行并检查数据标准落地流程。

- 生命周期管理：数据标准管理工具通过严格的流程控制数据标准的发布、删除和状态变更等操作。

- 与其他工具的集成：数据标准管理工具能够与数据质量管理工具、元数据管理工具紧密结合，通过标准接口实现联动，包括标准与元数据的映射，以及映射关系的导入与下载。

6.4.2　产品介绍

数据标准管理的功能一般会集成在数据治理套件中，很少会作为单独的产品形态出现。企业在进行元数据管理和数据质量管理的过程中，经常需要配合使用数据标准管理的能力。国内亿信华辰、三维天地、袋鼠云、奇点云等诸多厂商的数据治理产品都会有此功能。在选择工具时，企业可以通过与厂商进行交流了解是否可以只使用数据标准管理模块。

6.5　数据质量管理工具

数据质量管理工具通常具备数据检测、清洗、校验、修复等功能，同时支持自定义规则和数据质量指标的设定。本节将重点探讨数据质量管理工

具的相关内容，包括其功能与特点、开源数据质量管理产品、商业数据质量
管理产品，以及评述这些工具的缺陷并提供选型建议。

6.5.1　功能与特点

数据质量管理工具的核心功能如下。

- 数据质量评估和度量：数据质量管理工具通过定义和应用数据质量
  指标，对数据进行评估，以确定数据质量的健康状况。

- 数据清洗和修复：数据质量管理工具可以发现和解决数据中的错误、
  缺失、冗余等问题，自动或手动识别并纠正数据质量问题，以确保数
  据的准确性和一致性。

- 数据监控和警报：数据质量管理工具可以生成实时的监控报告和警
  报。当数据质量达到或超出设定的阈值时，系统会自动触发警报，通
  知相关人员进行处理。

- 数据质量规则管理：数据质量管理工具允许用户定义和管理数据质
  量规则。这些规则用于验证和保证数据的质量，如格式规范、数据范
  围、业务规则等。用户可以灵活地创建、编辑和管理这些规则，并将
  其与数据质量评估和监控过程集成。

- 数据质量报告和可视化：数据质量管理工具可以生成定制的报告和
  图表，以展示数据质量的指标和趋势，帮助用户更好地理解与分析数
  据质量情况。

- 数据质量工作流和协作：通过数据质量管理工具，团队成员之间可以
  协同处理和解决数据质量问题；用户可以创建和分配任务，跟踪问题
  的解决进度，并进行协作讨论及文档共享。

图 6-6 所示为数据质量管理工具的功能架构。

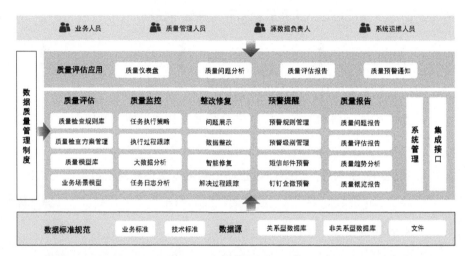

图 6-6

优秀的数据质量管理工具具有以下特点。

- 自动化：优秀的数据质量管理工具可以自动执行数据清洗、数据验证等任务，减少了人工操作的麻烦。

- 规则驱动：优秀的数据质量管理工具定义和遵守数据质量规则，包括数据验证规则、数据清洗规则、数据标准化规则等。优秀的数据质量管理工具通常允许用户自定义多样化的数据质量规则，并根据这些规则来处理数据。

- 实时性：优秀的数据质量管理工具支持实时数据质量管理，这对于实时数据处理和分析非常重要。

- 全面性：优秀的数据质量管理工具能够处理多种数据源（包括数据库、文件、消息队列等）中的各类数据质量问题。

- 集成性：优秀的数据质量管理工具与其他数据管理工具（如数据集成工具，数据仓库，数据湖等）集成，使得数据质量管理可以在整个数据生命周期中进行。
- 易用性：优秀的数据质量管理工具拥有对用户友好的界面，方便用户使用。

6.5.2　开源数据质量管理产品

常见的开源数据质量管理产品如下所述。

- Talend Data Quality：这是一种数据集成和数据质量管理平台，提供数据质量分析、数据清洗、数据匹配、脱敏等功能，支持多种数据源和格式。Talend Data Quality 支持通过标准化流程来保证数据质量，能够生成可视化的数据质量报告；可以与 Talend 的其他数据管理产品无缝集成，在整个数据生命周期中进行数据质量管理比较容易。此外，Talend Data Quality 还支持机器学习来改进数据质量管理过程。
- Apache Griffin：这是一种应用于分布式数据系统的数据质量解决方案，专注于大数据质量管理。在 Hadoop、Spark、Storm 等分布式系统中，Apache Griffin 提供统一的流程来定义和检测数据集的质量并及时报告问题。Apache Griffin 可以利用预先设定的规则检测出不符合预期的数据，实时进行数据质量检测，便于及时发现问题。Apache Griffin 的社区活跃，成熟度还在提升。
- Qualitis：这是微众银行开源的一款数据质量管理系统，支持多种异构数据源的质量校验、通知、管理服务，提供全面的数据质量管理功能。Qualitis 依赖于 Linkis 进行数据计算，提供数据质量模型构建和执行、数据质量任务管理、异常数据发现保存及数据质量报表生成等功能。其前端代码没开源。Qualitis 拥有金融级数据质量模型资源隔离、资源管控、权限隔离等企业特性，但需要借助微众银行开源的一系列产品才能获得满意的效果。

6.5.3　商业数据质量管理产品

商业数据质量管理产品，提供了更为全面和专业的数据质量管理功能，并且支持更多的数据源与数据处理方式。通常，数据质量管理能力会集成在统一的数据治理产品中。

- Syncsort Trillium：这是一种数据质量和数据治理平台，提供数据清洗、数据建模、数据可视化报告、数据保护等功能。该平台部署在云端或本地，可以与各种数据源和系统进行集成，允许用户配置各种业务规则，以测试特定条件下的数据，从而实现更加灵活和可扩展的数据管理。该平台重点发展于银行、金融、保险、电信和政府等领域。

- IBM InfoSphere QualityStage：该产品具备许多生成高质量数据的关键特性，为数据清理和数据管理提供了广泛而全面的支持；可以利用机器学习进行元数据分类（自动标记）并识别潜在问题；内置 200 多条数据质量规则；具备强大的安全功能。

- SAP Data Quality Management：这是一款高端数据质量管理产品，价格较高；功能较为强大，使用复杂性较高，需要专业人员维护；数据清洗和转换功能强大，数据质量报告和分析功能丰富。

- Informatica Data Quality：这款产品可以识别、评估数据质量问题，以及改善数据质量，擅长处理数据标准化、重复数据消除和整合，提供面向 Microsoft Azure 和 AWS 中的云数据版本。

- Collibra Data Governance：该产品提供全面的数据治理功能，如数据分类、数据分析、数据审计、数据血统和数据质量管理等；具备语义搜索功能，可以将治理和数据管理任务自动化。该产品专业而复杂，对其进行配置和部署需要用户具备一定的技术知识与技能。

- 国内厂商的数据治理产品：国内大多数厂商的数据治理产品都提供数据质量管理功能。

- 云厂商的数据治理产品：阿里云、华为云都有数据治理相关的套件。

6.5.4　缺陷评述

数据质量管理产品可能存在的缺陷如下。

- 使用复杂：许多数据质量管理工具的功能强大，但使用复杂性较高。

- 集成问题：在现实的 IT 环境中，许多数据分散在不同的系统和平台上。尽管许多数据质量管理产品都提供了数据集成功能，但在实际操作中，集成过程还是会出现问题，如数据连接失败或无法处理特定的数据格式等。

- 性能问题：处理大规模数据时，一些数据质量管理产品可能会出现性能问题，如数据处理速度慢或无法处理大数据等。

- 定制能力有限：虽然许多数据质量管理产品提供了一定的配置能力，但这些能力也许仍然无法满足特定业务需求。例如，有些数据质量管理产品的数据清洗规则自由度不高，这会限制数据质量管理产品的使用效果。

- 数据安全和隐私问题：在使用数据质量管理产品时，企业必须兼顾数据安全和隐私需求。一些数据质量管理产品没有提供足够强大的企业级数据安全和隐私保护功能。

6.5.5 选型建议

企业在选择数据质量管理产品时需要综合考虑多个方面的因素，包括产品的功能覆盖面、数据源和数据类型的支持、数据质量规则定义与灵活配置、可视化、分析报告等。另外，企业还要考虑产品的兼容性和易集成性、产品的性能和安全性，以及产品的易用性与技术支持等方面。

以下是在选型过程中建议企业考虑的关键因素。

- 数据质量需求：企业应了解自身的业务需求和数据质量需求，包括数据的类型、来源、数据规模，以及需要解决的数据质量问题（例如，是否有数据清洗、数据标准化、数据匹配、数据去重等需求）。如果企业的数据规模很大，则应该考虑选择高性能的数据质量管理产品，并且要确保该产品可以处理各种类型的数据，包括结构化数据和非结构化数据。

- 产品功能：企业应考察产品的功能是否满足需求，是否齐全。

- 易用性：企业应考察产品是否易于使用，是否有良好的用户体验。例如，界面是否友好，是否提供图形化的数据质量管理和数据质量规则配置等。

- 集成性：企业应考察产品是否能够方便地与其现有的系统或其他数据治理工具集成。例如，能否与企业正在使用的数据库、数据仓库、ETL 工具、BI 工具、数据治理平台等系统集成，是否能够与企业现有的 IT 架构和数据治理流程融合。

- 扩展性和灵活性：企业应考察产品是否具有良好的扩展性，以适应未来的数据增长和变化；是否能够支持自定义的数据质量规则和数据质量流程。

- 支持和服务：企业应确认厂商是否能够提供良好的技术支持和服务，如提供培训、文档、在线帮助、客户服务等。

- 成本：企业应评估产品的总体持有成本，包括购买成本、实施成本、维护成本和升级成本等。

- 安全性和合规性：企业应考察产品是否符合相关的数据安全和隐私规定，是否能够提供足够的数据安全和隐私保护功能。

6.6　数据共享与开放工具

治理数据的目的在于使用数据，最终构建出一个高效、安全、易用的数据开放体系，进一步提升数据的价值和使用效率。数据开放能力的建设关键在于如何有效地管理和利用数据资产，实现数据的共享与传播。

企业在进行数据治理时应对数据资产进行盘点，建立数据资产目录，了解数据资产的结构和关系，以便相关人员查找和使用数据；通过 BI 报表将数据转化为易于理解的图表和报表；提供数据服务 API 来实现数据的开放，使数据方便地被其他系统和应用调用，实现数据的实时共享和流转。

6.6.1　数据资产目录

数据资产目录是一个用于管理和展示数据资产的系统，可以帮助企业更好地管理、维护和利用其数据资产。它以元数据管理功能为基础来进行数据盘点，对数据进行分类分级。

数据资产目录的主要功能如下所述。

- 数据资源注册和管理：数据资产目录可以收集、存储、组织及管理元数据，包括数据集、数据库、数据流、日志文件，以及 ETL 脚本等；维护和管理数据资源的描述、标签、格式、结构等信息；支持元数据的分类分级、关联映射、标签、自定义注释，以及标注敏感字段等操作；对数据资源的创建、发布、更新、归档、删除等全生命周期进行跟踪与管理。

- 数据发现：数据资产目录支持自助服务，具有强大的搜索引擎，通过关键词、标签、分类等方式进行快速定位和查找，轻松找到并理解数据。

- 数据血缘分析：作为数据资产目录的一部分，数据血缘分析可以跟踪数据的来源和变化，提供数据在整个业务流程中端到端的流动情况，使企业了解数据是如何被创建、修改和使用的。

- 数据资源访问和授权：数据资产目录根据用户身份、角色和权限来限制数据资源的访问；支持申请/审批功能，为用户提供访问更多数据的机会；具备数据资源共享和交换能力，包括内部共享和跨组织、跨平台的共享和交换，可以使用标准协议和格式进行数据交换。

- 数据资源分析和可视化：数据资产目录可以对数据资源进行监管和管理，包括数据使用情况、数据更新情况等。比如，通过使用次数、使用对象、使用效果评价等指标直观展示哪些数据的应用价值高。

- 数据 API 服务：数据资产目录提供基于数据目录生成数据服务 API 的功能，可以将数据目录的信息集成到其他应用中进行访问。

图 6-7 所示为数据资产目录产品的功能架构。

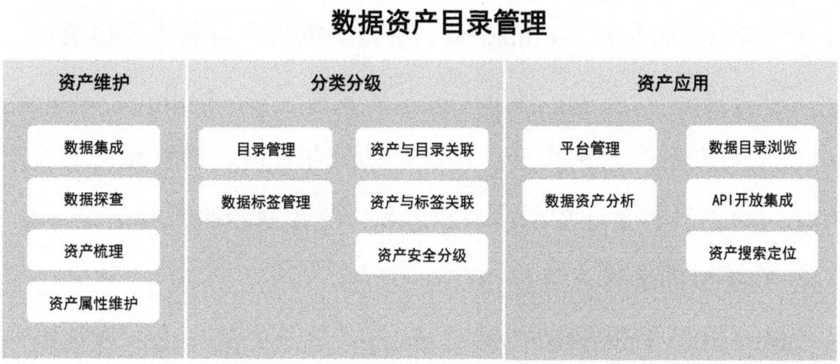

数据资产目录管理

资产维护	分类分级		资产应用	
数据集成	目录管理	资产与目录关联	平台管理	数据目录浏览
数据探查	数据标签管理	资产与标签关联	数据资产分析	API开放集成
资产梳理		资产安全分级		资产搜索定位
资产属性维护				

图 6-7

Apache Atlas、LinkedIn 开源的 DataHub 等元数据管理平台，既可以用来管理和维护数据的元数据信息，提供数据分类、安全和质量控制等功能，也可以用来管理数据资产目录。

当然，并不是所有具有元数据管理功能的产品都具有完整的数据资产目录功能。因为数据资产目录需要更多的用户交互和可视化功能，以提高数据资源的访问和使用效率。不同的产品可能会侧重于不同的数据治理方面，如数据质量、数据安全等，因此其数据资产目录功能的强弱也不尽相同。很多元数据管理产品是面向技术开发人员设计的，交互界面并不太友好。而数据资产目录产品，应该面向业务部门的使用者设计。

常见的商业数据资产目录产品如下所述。

- Alation Data Catalog：这是一款智能数据资产目录产品，可以帮助企业管理其数据资产，具备数据血缘分析、数据标准化和数据质量分析等功能，集成了机器学习模块、行为分析引擎。其智能搜索功能可以根据使用者的搜索历史、数据使用情况和反馈等自动优化搜索结果。这款产品的主要优势在于元数据管理和数据资产目录功能，其能对企业数据进行索引，并自动化地编入数据资产目录。

- Collibra Catalog：Collibra 是一款集数据资产目录、数据治理、数据隐私和数据质量于一体的全面数据智能平台，Collibra Catalog 是其中的数据资产目录部分，可以帮助企业发现、理解和访问其数据资产。对于具有复杂数据治理需求和广泛数据源的大型企业而言，这是一个不错的选择。

- Informatica Enterprise Data Catalog：这是一款全面的数据资产目录产品。其内置引擎采用 AI 算法驱动，可以更好地实现业务术语与技术术语之间的智能关联，在企业复杂的内部系统中进行自动识别、关联，并提取出数据血缘关系，从而实现企业内部数据资产的自成长。

- IBM Watson Knowledge Catalog：这是一款基于 AI 的数据资产目录产品，可以与其他 IBM 产品和服务很好地集成在一起。

- 国内厂商的数据资产目录产品：亿信华辰、三维天地、星环、用友、数语、普元等众多厂商均有数据资产管理方面的产品。

数据资产目录产品是帮助企业管理和维护其数据资产的重要工具，商业级别的数据资产目录产品都会提供数据血缘分析、数据标准化和数据质量分析等功能。数据资产目录产品的能力正朝向自动发现数据之间的关系，并完善数据资产目录的方向发展。

6.6.2　BI 报表

BI 报表是分析和表示数据的关键工具，具有强大的数据可视化、挖掘、分析能力。

BI 报表的核心能力如下所述。

- 数据可视化：这是 BI 报表的基本能力，将复杂的数据转换为易于理解的图表、图形和仪表板。

- 实时报告：许多 BI 工具能提供实时或近实时的数据报告，在数据更新时自动更新，确保用户始终能够获取最新的业务表现和趋势。

- 交互式探索：BI 报表通过交互式查询和数据探索功能，可以钻取数据、查看更详细的信息，或者从不同角度对数据进行深入分析，如统计分析、预测分析、关联分析等。

- 自助服务报告：BI 报表允许非技术用户自定义报表，如选择数据源、设置过滤条件、调整数据展示方式等，以满足特定的数据需求，无须依赖 IT 部门。

- 预测分析：一些高级的 BI 工具支持预测分析，可以根据历史数据用算法模型来预测未来的趋势。

- 跨平台支持：BI 报表可以在多个平台和设备上使用，如 PC、手机、平板电脑等，以便用户随时随地访问数据和报表。

- 安全性和权限管理：BI 报表可以根据用户角色和权限显示不同的数据与报表，保证数据的安全性及合规性。

- 自动化和调度：BI 报表可以支持报表的自动化生成和调度，用户可以定期接收最新的报告。

因为 BI 报表的市场需求旺盛，所以开源产品众多，粗略来看也都很相似，但仔细研究功能实现的细节和数据处理能力的边界会发现各产品之间的差异性非常大。图 6-8 所示为常见的、功能完整的 BI 报表产品的功能架构，很多开源产品只实现了部分能力，或者号称具备某种功能，但做得很"浅"。

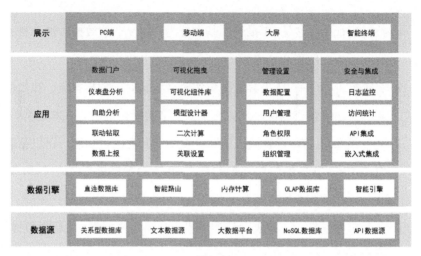

图 6-8

常见的开源 BI 报表产品如下所述。

- Metabase：这是 Apache 的顶级项目，一个易于使用的完整开源 BI 平台，可以使用户以简单的方式查询可视化数据。其在设计理念上注重非技术人员（如业务运营人员、数据分析师等）的使用体验，让用户不受数据和工具限制，可以自由地探索数据。Metabase 采用讲"故事"的方式一步步进行数据探索，探索的结果可以保存并发布为 Dashboard。对于复杂问题，Metabase 允许用户编写 SQL 或 Native query 进行数据查询或数据提取。但 Metabase 的权限管理能力较弱，只能进行粗粒度控制，即只要授权给用户，怎么分析完全由用户自由探索，而且不需要任何技术基础和进行任何设置，随用随分析。

- Apache Superset：这是 Apache 的顶级开源项目，由 Airbnb 贡献的轻量级开源商业智能工具。基于 python，Apache Superset 支持接入日志文件、MySQL、Oracle、Redshift、Druid、Hive、Impala、Elasticsearch 等 20 多种数据源。其语义层建模只能基于单表，多表关联需要事先

在数据库内关联成视图再使用。Apache Superset 内置有几十种图形，权限控制细到每个功能键且非常复杂，对于非技术人员不友好，不懂 SQL 的用户很难自己去探索。另外，Apache Superset 既不支持图表的下钻、多图联动，也不支持直接对日期范围做筛选。

- Redash：这是 Apache 的顶级项目，功能纯粹，就是为了做好数据查询结果的可视化。Redash 拥有强大的数据处理能力，既可以把不同的查询结果缓存进内置的 SQLite 数据库进行再查询，解决了异构数据源的关联查询问题，也可以通过低代码平台的自定义 Python 代码对查询结果集数据进行再加工，支持超过 35 种 SQL 和 NoSQL 数据源。Redash 很简单，不需要像 Apache Superset 一样在创建图表前先定义表和指标，可以直接将一个 SQL 查询的结果可视化。Redash 虽然仅实现 Apache Superset 中 SQL 查询的功能，却把这个功能做到了极致。

- DataEase：这是国产开源数据可视化分析工具，有全面且详细的中文文档和在线演示环境，用户可以直接上手使用。DataEase 支持丰富的数据源连接，用户能够通过拖曳方式快速制作图表，并可以方便地与他人分享；操作便捷、容易上手，数据模型设计灵活。

早期，我国 BI 市场被国际厂商的产品所占据。随着我国大数据产业的迅速发展，我国 BI 厂商的市场份额已经处于领先地位，并有逐步扩大的趋势。我国 BI 厂商提供项目实施、技术支持、学习与培训等本地化服务，项目实施后的运维很方便。

常见的商业 BI 报表产品如下所述。

- Power BI：这是微软开发的商业 BI 报表工具，能连接多种数据源，生成交互式报表和可视化图表。其可以与 Microsoft Office 和 Azure 云平台无缝集成，使得数据分析和报表生成更加高效、便捷。Power BI 的"颜值"不高，内置的图表种类相对较少，但支持将做好的报表打包发布为组织内容包，可以指定用户组分配查看权限。Power BI 目前主推云端版本，私有化部署的版本更新缓慢；生态封闭，多维数据源也主要以微软 SSAS 为主。

- Tableau：这是一款功能强大、易于使用的商业 BI 报表工具，拥有强大的数据分析和可视化功能。其线上视频教学和线下的学习文档比较全面，这一点比 Power BI 要友好很多。目前，其中国原厂直销业务服务停止运营，被整合进 Salesforce 与阿里的合作体系中，生态环境比较封闭。

- 国内厂商的 BI 报表产品：帆软的 FineBI、永洪、思迈特、润乾、观远、奥威、阿里云的 Quick BI 等产品也具有广泛的客户群体。国内的许多商业 BI 报表产品都具有完善的数据权限管控能力，为集团型企业的数据权限管控提供多级细粒度的管控能力，而且学习资料丰富，厂商的支持能力也很强。

BI 报表产品不仅具有前端展现的功能，以保证各种场景下极高的稳定性，一般还有与之搭配的数据引擎。通过数据引擎，BI 报表产品一方面可以提升数据响应性能，如大数据量下的快速计算；另一方面可以根据不同的数据量级和类型，灵活地调整计算模式和方案，如对小数据快速读取、对大数据进行分布式并行运算等。想要实现亿级数据秒级处理，BI 报表产品就要配备不同策略和高性能算法，这样才能支撑前端的高性能分析。

理想情况下，BI 报表产品的应用过程最好不需要依靠技术人员，业务方就能自由灵活地进行自助分析，轻松拖曳出分析报表。但在更多的现实场景中，想要实现完全自由的自助即席查询是有相当大的难度的。虽然针对一个预先准备好的数据源进行切片、钻取等分析，业务人员可以轻松驾驭，但是准备数据源这件事情对于业务人员而言就很有难度。大部分时候都需要技术人员进行数据建模，如果涉及多库多表的逻辑复杂的关联，则更离不开技术人员的支持。在某些情况下，业务人员不合理的自助式探索，还可能会带来系统和数据库的性能问题。从这个角度来说，BI 分析能力的建设还是要本着务实的原则，大可不必太过于追求华而不实的高级功能。

　　企业采购和应用 BI 报表产品的成本通常包括：许可证的购买成本（初始的采购成本，年费模式下还包括续费成本）、实施成本（初始的实施成本和持续的运维成本）、厂商服务费用（产品升级与技术支持费用），以及产品的学习和使用成本等。在满足需求的前提下，企业在选型时不应该只考虑许可证成本，而是要综合考虑总持有成本。国内有些企业在招投标过程中的评分细则会比较有利于低价格中标，这极有可能会带来后续服务问题。

6.7　本章小结

　　企业在数据治理的实施过程中经常会使用各类软件工具，如数据 ETL工具、主数据管理工具、元数据管理工具、数据标准管理工具，以及数据质量管理工具等。合适的软件工具可以提高数据治理项目的效率和准确性，减少手动操作和人为错误。这些工具可以将质量规则、管理流程、制度规范等工作成果固化到软件系统之中，沉淀知识、经验。同时，还可以帮助项目团队实时跟踪项目进展情况和数据质量，提供数据分析和可视化报告，为管理过程提供有力的支持。

　　值得注意的是，不同的数据治理任务和项目可能适合选择不同类型的工具，企业应确保所选择的工具能够满足项目需求和目标。工具应该易于使用和部署，并能够适应企业未来的数据治理发展与扩展。为了有效选择并使用各种类型的数据治理工具，企业需要对自身的数据治理需求进行全面评估，明确目标和优先级；了解市场上可用的数据治理工具，对其功能、性能、适用场景等进行比较和评估。在选择工具时，企业要考虑与其现有技术架构的兼容性和集成成本，确保无缝衔接。重要的是，数据治理项目团队、IT 部门和业务部门等应密切合作，确保选定的工具符合业务需求，并能得到有效使用，让数据治理项目事半功倍地推进。随着数据治理项目的推进，企业应持续评估工具的效果，及时调整和升级，使其适应企业的不断变化和发展。

第三篇　场景解读

第 7 章

应用场景

　　不同的应用场景具有不同的业务模式、业务流程和法规要求，因此数据治理在不同的应用场景中面临的挑战与难点在细节上也会有所不同。研究特定应用场景的数据治理案例、探讨工作难点和应对策略，可以让读者更好地了解该场景的独特需求和问题，以及更深入地理解如何根据具体需求来设计适合的解决方案。

　　零售商通常拥有来自各个分销渠道的大量数据，包括线上和线下销售数据、供应链数据等。企业在实施数据治理项目时需要整合和清洗这些多样化的数据，以便进行准确的分析与决策。有效管理和维护大量的客户数据并非易事，这些客户数据包括个人信息、购买行为、积分、购买历史等。

　　在制造业中，数据治理项目常常涉及大量的生产制造数据，包括传感器数据、设备数据、生产管理数据等。实施数据治理项目可以优化这些数据的质量，为企业基于数据的分析决策提供支撑，更好地解决设备维护、质量问题溯源、故障预测和动态生产排程等相关问题。制造业的供应链网络非常复杂，提高供应链网络研发协同、采购协同和生产协同等的效率，以及防范供应链风险，都需要整合来自供应商、合作伙伴和经销商的数据。

在金融业中，金融机构必须遵守各种法规和合规要求（涉及数据隐私和安全、反洗钱等方面）。金融机构在实施数据治理项目时需要确保数据的合规性，并建立适当的数据安全控制和审计机制。此外，金融业对数据的准确性和完整性要求非常高。

不同应用场景的数据治理项目面临的问题因行业特点和业务需求而有所不同，理解并有效应对特定行业中的数据治理挑战，才能使项目获得成功。

7.1　大型集团/企业

数据治理是推动大型集团/企业进行数字化转型升级、提升综合竞争优势、实现企业可持续健康发展的重要基础保障。企业可以通过从全业务模型到数据模型的结构化，实现业务对象、业务规则、业务流程的数字化和指标化，夯实数据运营底座，全面推进"数据驱动管理"理念的落地。

7.1.1　案例：A 集团的协同管控之路

A 集团是一家现代服务型企业，包含不同的业务板块，如消费品、冶金、制造、农产品等，经营大宗商品贸易，是典型的集团管控型企业。A 集团希望可以增强各个板块（子公司）之间的业务协同效果。A 集团总部的数字化体系以 SAP 系统为核心，其他系统对接 SAP 系统获取所需数据，同时将关键数据回传到 SAP 系统，大量的报表数据可通过 SAP 系统获取。随着业务的扩展，A 集团对外的服务平台越来越多，数据类型越来越复杂，数据使用的需求多样，数据资产管理问题突出。在大数据的汇集、存储、计算效率方面，SAP系统无法及时、准确地满足A集团的数据使用需求，功能迭代开发缓慢且成本高昂，整个系统的性能较差，急需减负。但是SAP系统的数据接口众多，历经多年迭代，部分接口文档缺失，因此升级困难。A集团希望通过数据治理改善其整体数据分析能力。

A集团旗下有多家子公司，有些是收购来的，各子公司都有自己的财务系统。比如，有的子公司使用的是SAP财务系统，有的子公司使用的是Oracle财务系统，还有的子公司使用的是金蝶、用友的财务系统。A集团要对各子公司进行全面的财务管理和分析，存在较大难度。由于历史原因和技术限制，这些财务系统在会计科目设置、数据存储结构、数据字段、数据格式等方面都存在差异，导致各子公司之间的财务数据无法直接聚合。例如，一家子公司的财务系统中使用人民币（CNY）作为币种，而另一家从事跨境业务的子公司的财务系统中使用美元（USD）作为币种。当需要进行跨子公司的财务分析和汇总，以剔除集团内部关联交易时，就需要将不同币种的财务数据转换成同一币种，建立一套统一的汇率转换规则与数据处理方式。

A集团及其下属公司有100多个业务系统和数据仓库，这些业务系统和数据仓库之间存在数据命名不一致、定义不清、格式不同等问题，导致数据质量无法得到保障，数据仓库的可用性和可靠性较差，系统之间的数据交换成本也很高。这些业务系统和数据仓库之间没有统一的数据模型及数据词汇，无法直接进行元数据的共享与管理。

由于A集团各子公司的历史背景和管理体制不同，物料名称的规则和命名习惯大相径庭。随着集团化经营的推进，各子公司之间开始开展业务合作，涉及物料信息的共享和交互。但由于各子公司的物料名称不一致，信息共享非常困难。例如，工厂 A 将某原料命名为"原料 00008"，而工厂 B 将该原料命名为"0008#原料"，工厂 C 将该原料命名为"红色原料"。这些不同的命名方式导致不同工厂的数据无法对齐。A 集团希望统一采购原料，从而降低采购成本，但在实际操作过程中遇到了比较大的困难。

同一家供应商存在不同名称的情况。例如，某家供应商在不同时间段内使用了不同的名称来标识自己，如"ABC 有限公司""ABC 公司""ABC 集团"等，因此对同一家供应商的管理信息无法在子公司之间共享。当某家供应商因为财务、质量、司法方面的问题而触发供应商汰换管理红线，被一家子公司列入黑名单后，其他子公司不能同步获知此信息，交易仍然在进行，因此造成较大损失。

为了改变依靠人工经验和手工制作的报表来监督、管理子公司的方式，A 集团建立了 BI 报表与数据仓库，用于收集、整合来自各子公司的数据，尝试通过数据挖掘和分析技术来识别业务趋势及问题，并实时监测各子公司的经营情况。但是因为数据质量太差，以及数据指标统计口径的解读不一致，很多通过 BI 报表分析出来的结果并不能准确反映出业务的真实情况。

7.1.2　难点解析

A 集团开展数据治理工作，面临以下典型的挑战和难题。

- 数据来源复杂：A 集团拥有众多业务部门和业务系统，数据来源复杂，需要整合和清理大量的数据源。业务系统多是采购的套装软件或外部技术供应商提供的定制开发系统，在改造升级过程中需要进行大量的协调工作，而且有的核心业务系统必须保持稳定性，不能随意升级。

- 数据质量问题：由于 A 集团的数据来源复杂、数据量大，在准确性、完整性、一致性等方面存在问题。各子公司的管理水平存在差异，数据质量问题较多，难以协同解决。

- 数据治理责任不明确：A 集团没有清晰的数据治理机制和责任体系，缺少数据治理标准、制度、流程等体系保障。

- 技术架构复杂：A 集团的业务系统和技术架构众多，当需要进行系统集成与数据交互时，集成方案的稳定性及多任务的调度效率存在问题。

- 数据安全风险：A 集团的数据涉及重要的商业机密，数据安全风险比较高，需要进行细粒度的数据安全管控和风险评估。

考虑到数据的复杂性和敏感性，涉及多个系统的数据打通是一项非常复杂且困难的任务，需要投入大量的人力、物力和财力，并进行深入的业务规则分析及技术方案探讨，才能建立起统一的数据平台和标准，从而实现数据的全面整合与准确分析。

在集团型企业中，确定数据的责任人并不容易，会面临以下难题。

- 数据的所有权问题：在某些情况下，数据的生产和使用涉及多个人或部门，因此确定数据的责任人会面临所有权归属问题。

- 数据的复杂性：数据的来源复杂、种类繁多、数量庞大，需要花费大量的时间和精力来确定数据的责任人。

- 组织架构和职责的变化：随着组织架构和职责的变化，数据的责任人可能会发生变化，及时调整和更新有一定困难。

在集团型企业中，确立数据标准也存在较大难度，主要是由几个方面的因素造成的。

- 组织架构和业务复杂性：集团型企业一般拥有庞大的组织架构和多元化的业务，数据涉及的领域广泛，数据来源众多、种类复杂，难以进行统一管理和标准化。
- 数据治理的文化和观念问题：集团型企业内部存在不同的文化观念，不同的业务板块运用数据的程度不一样，不同部门的人员对数据治理的意识和理解不同，缺乏参与数据标准确定工作的意愿及动力。

7.1.3　应对策略

从总体策略上来说，A 集团可以采用"整体规划、分而治之"的思想：先进行整体的数据资产盘点，摸清"家底"，厘清问题；然后从一个核心业务场景切入，针对一家分公司的业务板块开展具体工作。

在技术架构方面，优化数据架构，提高数据的存储、处理和计算效率。对于 SAP 系统的负担问题，采用数据仓库、数据湖等技术，将分析数据从 SAP 系统中解耦，提高整体系统的性能；将业务涉及的相关数据先收录到统一的数据湖中作为原始数据，然后抽样分析这些数据的质量问题，追溯找到 SAP 系统所存在问题的真正原因；统一规划跨系统融合数据的通信机制、分布式调度机制、日志处理和监控等技术侧的能力。

建立数据治理组织和相关角色，定义各个角色的责任和权限，举例如下。

- 设立包含决策层、管理层、执行层的三级数据管理组织体系，由集团高层直接牵头的数据治理委员会负责统一决策。
- 设置数据治理管理小组，用于承上启下，协同督导各项工作的执行并向上汇报。
- 引入外部数据治理咨询顾问团队，用以提供专业支持，共同梳理、建立配套的数据标准、管理制度和流程体系。

- 成立数据治理执行团队，落实各项具体的工作任务。

从主数据系统的建设切入，推动数据标准的落实。对于主数据系统的建设，也是先从员工、供应商、银行账户等主数据等入手，逐步向客户、物料等深水区推进。集团和子公司之间的主数据标准可以采用共管模式，由 A 集团建立统一的核心属性的标准，同时允许子公司在承接 A 集团的主数据标准之后，在一定范围内结合自身业务的独特性进行扩充。

对于大型集团/企业的数据治理工作，要从点开始，连点成线，由线及面。在此过程中，要谨慎地选择有直接业务影响力的点开展工作，避免大而全地全面铺开，以致难以收尾。对于越复杂的问题，越要仔细规划每个阶段的可视化成果，做出效果后才能聚合更多的业务侧的"同盟军"。否则，很容易出现"雷声大、雨点小"的现象，数据标准难以落地，文档被束之高阁，项目最终不了了之。

7.1.4　实现效果

在数据治理的实践过程中，A 集团通过一系列有序的步骤和措施有效提升了协同管控能力，从数据治理组织建设到主数据管理，再到数据治理平台建设和大数据分析，多角度发力共同助推企业数据协同管控的实现，为 A 集团的发展和决策提供了强有力的支持。

1. 数据治理组织和相关角色

A 集团成立了专门的数据治理组织。数据治理组织不仅要负责协调各部门之间的合作，还要负责制定数据治理的策略、规范和流程。在数据治理组织中，明确了一系列与数据治理相关的角色，如数据治理经理、数据质量管理员、数据标准化专员等，每个角色都有明确的职责和权责范围。此外，A 集团还建立了数据治理委员会，该委员会由跨部门的高层管理人员组成，负责监督数据治理的执行情况、解决跨部门的数据问题，以及确保数据治理与业务目标的一致性。

2．数据标准体系

A 集团明确了财务、运营、生产、营销、经营风险、管理效能等十二大类分析主题的数据模型和分析指标的数据标准，统一规范各项指标的业务口径和取数逻辑，为技术平台的实施奠定了基础。

3．主数据管理系统

通过 MDM 系统，A 集团成功规范化 50 余万条物料 SKU、几百万条客户数据和几万条供应商数据，实现了企业核心主数据的统一维护。同时，A 集团的 MDM 系统实现了对组织机构和员工数据的统一管理，员工的证书资质、联系方式等信息的维护由员工自己负责，并将流程加入员工手册和员工入职培训资料中。另外，A 集团先将 HR 系统源头的员工数据同步到主数据平台，再同步分发到 OA、企业微信及 ERP 等各个业务系统，极大地提升了效率。

4．数据治理平台

数据治理平台的建设将 A 集团的数据标准体系固化，实现了数据治理平台与多个业务系统的集成对接，规范了数据分发机制，完善了数据同步过程中的异常处置机制。自动化数据质量管理方案的实施进一步提升了 A 集团的数据质量，为 A 集团的数据应用打下了坚实基础。

5．大数据分析

在数据治理平台搭建的基础上，A 集团建设了大数据中心，提升了大数据分析能力。通过大数据中心，A 集团得以实现财务、资产、人事、经营等多方面的数据分析。这些数据分析能力不仅帮助 A 集团感知、预测和防范风险，还为领导层提供更精准、更实时的数据支持，使决策更加有据可依。

7.2　零售与分销行业

零售与分销行业是一个极具挑战性和活力的领域，该行业在数据治理实践中常常面临难点与复杂的挑战。本节将探讨一家零售公司在数据治理方面的实践案例，展现该零售公司在数字化转型过程中面临的难点与挑战，以及如何利用数据治理来提升零售业务的竞争力和运营效率，从而实现在数字化时代的持续发展。

7.2.1　案例：B 零售公司数据治理助推数字化转型

B 零售公司是一家拥有多个品牌和不同类型门店的零售企业。其在每个地区的门店都有独立的库存管理系统。B 零售公司希望在数字化转型方面取得更多的成果，实现全渠道库存管理和统一调配。由于历史原因，B 零售公司各系统的数据标准不统一，而且存在重复数据和不准确数据。为了实现库存数据的统一管理和调配，B 零售公司需要进行数据标准化工作。

在 B 零售公司中，销售数据的来源包括各个门店的 POS 系统（POS 即 Point Of Sale，POS 系统即销售时点信息系统）、官方网站、线上商城和第三方电商平台。同一商品在不同系统中的命名方式存在差异。为了在数据分析和业务决策中使用销售数据，B 零售公司需要对商品进行统一命名与分类。

B 零售公司拥有 100 多个系统，包括进销存、财务、人力资源和销售系统等，与营销相关的系统有 20 多个。这些系统在不同部门之间使用，并由不同的技术服务商开发和维护。而且，整个业务分析过程涉及的数据来源非常丰富，包括来自 POS 系统、CRM 系统、SRM 系统、DMS、OMS（Order Management System，订单管理系统）、WMS、TMS（Transportation Management System，运输管理系统）等的数据，以及市场数据、社交媒体数据、财务数据、网络数据、员工管理数据、促销活动数据等。B 零售公司无法获得完整、及时和准确的数据视图，进行数据关联分析和业务决策比较困难。

B 零售公司的商品存在主单位和辅单位，有标准价、采购价、销售价、渠道价、协议价、促销活动价、集团内部结算价等价格类型，其中又细分为不同的固定价和阶梯价等。B 零售公司的报价方式灵活，可以按不同客户的要求，用含税或不含税等方式来报价；仓库类型多样，既有面向终端客户的仓库，也有面向企业客户的 B 端仓库；仓库也可分为常温仓库和冷链仓库等。

B 零售公司在销售下单环节存在多种销售场景，履约配货规则各异。例如，有些客户有严格的允收期①要求，需要挑选商品批次发货。销售订单创建之后，在后续商品配货环节无法与多个仓库的可用库存数据直接关联，存在超卖现象；财务数据无法与销售数据直接匹配，与供应商之间的对账、结算需要大量的手工作业。

B 零售公司的销售渠道包括线上商城和线下门店。线上商城的商品信

---

① 允收期：指商场、超市进货日期距离该食品生产日期的最长期限。

息如名称、规格和单位通过系统自动同步，数据相对规范化。然而，因为线下门店之间的业务存在差异，如不同门店经营不同的商品，且使用不同的价格体系、折扣策略和促销活动，线下门店的商品数据分散在不同门店系统和Excel表格中，经常出现名称拼写不一致、规格和单位不规范等问题。

由于门店数量众多、地理分布广泛，以及人员变动频繁等因素，B零售公司虽然花费了大量人力和物力对门店相关数据进行规范化，但仍有许多数据无法达到标准化要求。

7.2.2 难点解析

B零售公司在进行数据治理时遇到了多种困难，其中最大的困难是数据的多样性和复杂性。由于业务涉及的范围非常广泛，B零售公司需要整合多个系统。而且，随着零售业的快速发展和数字化转型，新的业务场景不断涌现，如电商、外卖平台、团购、社交媒体、智能设备、直播、即时配送等。这些新的业务场景不仅带来了更多的数据结构，也增加了数据治理的难度。

在B零售公司中，有些数据标准比较难确定。比如，不同区域、不同部门对于商品的分类标准不一致。以该企业销售的一款冰箱为例，采购部按照品牌、型号、产地等信息进行分类，而销售部按照功能、尺寸、颜色等信息进行分类，不同区域存在不同的客户分级标准、不同的促销活动标准等。

在B零售公司中，由于不同部门、不同地区独立管理的原因，同一种产品在多个系统中会有不同的名称。例如，一款牙膏在不同的系统中的名称会是"清新薄荷牙膏""冰爽牙膏"或其他不同的名称。为了建立统一的数据标准，B零售公司需要对这些不同名称的产品进行识别和归类，但是在这个过程中会遇到以下问题。

- 数据量大：B 零售公司的商品种类繁多、数量巨大，要对每种商品的名称进行整理、比对和分类，需要耗费大量的时间及人力成本。
- 标准化难度大：多种因素导致产品名称不一致，要想制定一个能够适用于所有系统和所有地区的统一标准，这一过程会非常复杂和烦琐。
- 维护成本高：一旦建立了统一的数据标准，B 零售公司还必须投入人力和资源来进行维护及更新。此外，建立完善的数据管理机制也是必要的，以确保对数据的持续管理和有效保障，这将增加额外的成本和资源投入。

数据治理的一个目标是改善数据的完整性和实时性。缺乏完整的数据会降低数据治理的效果，限制了 B 零售公司对整体业务情况的全面把握。从业务部门的角度来看，缺乏完整的数据会使数据治理项目能够带来的价值大打折扣。在 B 零售公司，有些数据的收集比较困难，如下所述。

- 实时库存数据：尽管 B 零售公司已经实现了库存管理的自动化，但是获取实时、准确的库存数据仍然是一个挑战。这涉及供应链的复杂性，以及库存在各个物理位置的动态变化。
- 消费者行为数据：消费者的购买习惯、品牌偏好、购物路径和满意度等信息非常宝贵，但很难收集及分析。这是因为消费者行为数据通常分散在多个渠道（如门店、在线商店、移动应用等），这些源头系统并没有收集到购买行为决策过程中的相关数据。
- 产品质量数据：包括产品缺陷、退货、顾客投诉等信息。这类数据需要从多个来源收集，如门店、客服中心、社交媒体等。
- 供应链数据：包括库存周转、物流成本、交货时间等信息。供应链效率是 B 零售公司的核心商业竞争能力，但收集和管理全面的供应链数据对 B 零售公司而言也是一个不小的挑战。

7.2.3 应对策略

B 零售公司尝试建立一套完整的商品命名规则标准，并将其应用到 ERP 系统、POS、数据仓库等中。然而，这个过程不仅需要大量的时间、人力和物力投入，而且在实践中难以达到完美的一致性。在权衡企业需要投入的成本和潜在的收益之后，B 零售公司选择优先处理那些利润高、销售量大的商品，建立统一的商品命名标准，并引入自动化技术和机器学习算法模块来加速同款商品不同命名的识别，以降低人工干预的成本与错误率。

与其他零售企业一样，B 零售公司也高度重视订单履约能力，因此对于收单、配货、调拨、库存、物流等多个系统之间的数据集成和共享能力有很高的要求。为了解决这些问题，在 B 零售公司内部，由核心业务部门推动、高层领导牵头成立数据治理委员会，并成立专门的数据治理管理小组来迭代式地推进数据整合和标准化。

此外，考虑到数据治理项目需要投入大量的人力、物力和财力，包括对旧系统的升级、新平台的开发和实施、数据仓库或数据湖的建立，以及现有系统数据结构的重新设计和重构，B 零售公司优先解决与创收直接相关的业务领域中的痛点。B 零售公司针对特定的业务领域，如渠道深耕、CDP、SFA 或 DMS 等来展开数据治理项目，促进数据治理成果快速产生直观的业务价值。

B 零售公司在进行数据治理时，还优化了收集和处理外部数据的过程。例如，大卖场、经销商和 KA 门店完成的销售数据并非在内部直接生成，如果通过邮件方式传输销售数据文件，则会产生严重的操作时间延迟。因此，B 零售公司采取跨系统集成、外部数据 API、RPA、数据文件自动定时交换等多种方式，来获取更全面、更快速、更准确的数据。

7.2.4　实现效果

数据治理充当了助推数字化转型的引擎，通过在不同方面实施数据治理，使 B 零售公司更加敏捷、高效地应对市场的挑战。数据治理的实施促进 B 零售公司销售额的提升、成本的降低、客户满意度的提高，为 B 零售公司数字化转型的成功奠定了坚实的基础。

1．全面的数据治理战略

确保数据治理与企业的数字化转型目标高度契合。对于数据治理战略的制定，B 零售公司不仅要关注数据的技术层面，更要注重将数据与业务紧密结合，从而实现数据价值的最大化。

2．商品主数据的统一

通过将商品、渠道、价格和促销政策等纳入主数据管理，B 零售公司实现了多平台、跨渠道商品信息的一致。以前，不同渠道的商品数据存在差异，导致信息不一致和营销决策不准确。通过数据治理，B 零售公司现在对商品的基本信息、定价和促销政策实施统一管理，不同渠道的销售数据能够更好地聚合。

3．订单履约能力的增强

数据治理的实施强化了 B 零售公司的订单履约能力。通过整合销售、库存和物流数据，B 零售公司能够更准确地预测需求、优化库存管理和仓网调拨策略，从而提高了完美订单履约率。例如，通过对历史销售数据的分析，B 零售公司能够预测热销商品的需求，提前备货，及时调配库存，避免了因库存不足而导致的订单延误。

4. 渠道精细化运营

数据治理还使得 B 零售公司的渠道运营更加精细化。B 零售公司通过分析不同渠道的销售数据、了解不同渠道的客户喜好和购买行为，制定更有针对性的营销策略。例如，基于数据分析，B 零售公司发现线上渠道更适合推广哪些特定品类的商品，而线下渠道更适合推出哪些促销活动，从而能够更有针对性地制订营销计划，提升销售业绩。

5. 外部数据的同步机制优化

在数据治理的框架下，B 零售公司对外部数据的同步机制进行了优化。通过建立稳定的数据接入通道，B 零售公司可以及时地获取外部数据，如 KA 渠道销量、渠道库存、市场趋势、竞争对手的表现等。这些外部数据的及时同步使得 B 零售公司能够更敏锐地感知市场变化，及时调整战略，做出更有远见的决策。

7.3　制造业

制造业是一个重视效率和质量的行业。本节将探讨一家零部件制造企业的数据治理实践案例，分析该企业数据驱动业务优化过程中所面临的难点，包括数据采集与整合的复杂性、数据质量保障、生产线数据的实时处理等方面，阐述数据治理在提升生产效率和质量控制方面的关键作用。

7.3.1　案例：C 零部件制造企业数据驱动的业务优化

C 零部件制造企业（简称 C 企业）拥有数百台生产设备，每天会生产超 10 万个汽车零部件，其生产线涉及各种工艺流程，如注塑、冲压、焊接、喷涂等。C 企业必须对这些工艺过程进行监测和控制，以保证产品质量、降低生产成本和提高生产效率。C 企业希望通过数据智能分析和决策能力来对生产制造业务过程进行优化。

C 企业目前在生产过程中存在许多问题，如生产线过程不透明、资源浪费、设备维修周期长等，需要采用新的技术手段来解决这些问题。C 企业已经采集了大量的生产数据，但这些数据没有得到很好的利用，仅用于简单的生产报表制作和业务统计，无法满足实时监测和决策分析的需求。C 企业生产数据的采集和分析工作分散在各个部门与工厂，缺乏统一的数据标准和分析方法，难以进行跨部门、跨工厂的数据共享和交互分析。

C 企业不仅采集生产设备的数据，如设备运行状态、故障信息、维修记录等，还收集生产线上的数据，如生产速度、质量检测结果、废品率等。这些数据被存储在 C 企业的数据中心。C 企业面临的挑战是如何管理和利用这些数据，以提高生产效率、降低成本和风险。

C 企业经过多年的数字化建设，业务系统数量、复杂度和数据量都在呈几何级数上涨，企业需要其 IT 架构能够高效地支持这种规模扩展，确保系统的稳定性、可扩展性和安全性。这包括但不限于对技术架构的优化、数据处理和存储能力的增强、系统间的高效集成，以及对新兴技术的适应能力。因此，C 企业的数据治理工作涉及研发、生产、供应链、销售等多个领域。C 企业希望可以更快速地满足数据交互、敏捷创新应用、新业务拓展的需求。

7.3.2　难点解析

C 企业面临的一个问题是数据来源的分散性太强。C 企业有多个生产车间和生产线，数据采集设备和系统种类繁多、数据格式不统一。设备老化、设备损坏、数据传输故障等原因会导致采集的数据不准确或数据缺失。由于 C 企业的组织架构庞大、业务流程复杂，各部门之间的沟通不畅、信息孤岛情况严重。

C 企业没有统一的物料编码规范，物料编码的命名方式、规则、长度等存在差异，这导致物料编码不一致和混乱，使得 C 企业难以快速、准确地识别和查找物料。C 企业的物料类别繁多，涉及原材料、半成品、成品、配件等多个类型，这些物料有着不同的管理方式和使用方法。不同的物料类别和管理方式对物料数据的管理需求不同，这增加了物料数据管理的复杂性。例如，原材料需要关注的信息与成品需要关注的信息完全不同。

C 企业在物料采购、仓储和生产环节中使用了多个不同的信息系统［如 ERP 系统、MES、APS（Advanced Planning and Scheduling，即高级计划与排程）系统、WMS 等］，这些系统独立运行，收集的物料数据存在重复、冲突、缺失等问题，数据的一致性和完整性难以保证。比如，同一物料在不同的系统中存在多个不同的编码，物料规格信息也可能存在差异。物料的规格信息可能在 ERP 系统中被修改，而物料的生产工艺信息可能在 MES 中被修改，这会导致物料数据在不同系统中存在不一致的情况。

7.3.3　应对策略

C 企业从自身数据治理的核心诉求出发，主要采用了以下解决方法。

- 物料标准化：C 企业建立了独立的主数据系统，将所有物料的主要数据，如编码、规格、用途、供应商、存储位置等都纳入这个系统中进行统一管理。通过标准化的管理制度和流程，C 企业得以控制物料数量的无序增长，并提高物料数据的一致性和准确性，极大地降低了库存成本。

- 建立数据仓库：为了更好地管理和利用数据，C 企业采用数据仓库技术，对重要的分析数据进行分类、归档和指标提炼。此外，C 企业还构建了统一的数据分析模型，优化了数据仓库中的物理数据模型，不仅提高了数据管理的效率，还可以通过数据分析来发现问题、改进生产工艺和提高作业效率。

- 实时数据分析：C 企业引入实时数据仓库技术，对设备数据进行实时采集和分析，优化生产排程，识别约束瓶颈，确定最佳的生产节奏，减少废品率等。

- 预防性维修计划：根据设备的故障和维修记录，C 企业制订了预防性维修计划，以避免或减少生产中断的情况，保证了工序、设备数据采集的稳定性。

7.3.4　实现效果

在 C 企业的数据驱动业务优化实践中，其通过数据治理在多个方面取得了显著成效，在运营管理上变得更加高效、灵活。同时，其产品质量和生产的稳定性也得到了极大的提升。

1．统一的数据标准体系

通过数据治理，C 企业建立了物料、BOM 和产品的统一数据标准体系。

以往，设计、工艺、制造等不同部门对物料和产品的命名及分类存在差异，导致数据不一致，影响了供应链和生产的协同。通过物料数据标准化，C 企业原有 ERP 系统中的 20 多万条物料数据，经过数据清理、合并、停用等处理之后，最终仅剩下 11 万条，计量单位也由原来的 80 多个减少到 30 多个。

2．数据流向清晰透明

C 企业在数据治理项目实施过程中梳理了核心数据的流向，确保核心数据从产生到消费的全程可追溯。这在生产过程中尤为重要，用于保证生产计划和进度与实际生产情况的一致性。

3．生产数据的实时分析

通过数据分析平台，C 企业能够对生产数据进行实时分析，追踪生产进度、效率和质量等关键指标，实时监控生产线上的运行状态，及时发现异常情况并进行调整，提高生产效率。例如，C 企业可以通过实时数据分析，监测生产线的工作速度、停机时间和产品合格率，快速做出相应调整以使产能最大化。

4．预防性维修

数据治理使得 C 企业能够实施预防性维修策略。通过对设备传感器数据的收集和分析，C 企业能够监测设备的运行状况，预测设备可能出现的故障，提前进行维护，避免了意外停机和生产线中断。例如，基于设备温度、振动等数据，C 企业可以预测设备的健康状态，制订维护计划。

5．质量溯源

数据治理在质量管理方面也发挥了关键作用，实现了质量溯源。通过记录生产过程中的各个环节和数据，C 企业能够追溯产品的制造过程，发现潜在的质量问题，并对问题产品快速进行召回或调整。例如，对每个生产批次的原材料来源、生产时间、工艺参数等进行记录，有助于追溯产品的质量问题。

7.4　电商行业

本节将详细介绍一家电商公司的数据治理实践案例，重点探讨该公司如何通过数据治理来支持精准营销、提高用户体验、增强品牌价值，以及在竞争激烈的电商市场中脱颖而出。通过具体的案例展示，分析数据治理在电商行业中的关键作用，以及如何将数据驱动的营销策略转化为商业价值。

7.4.1　案例：D 电商公司数据治理支持精准营销

D 电商公司（简称 D 公司）的业务范围广泛，涉及服装、家居、美妆、食品、数码等多个领域。其销售额在近几年呈现增长态势，但是随着竞争的加剧，该公司运营成本也逐渐增加。D 公司希望可以通过数据的深度分析来提升营销活动转化效果；依托海量数据的分析，可以更好地了解消费者需求、产品销售情况和市场趋势，从而为精细化的营销管理选择重点方向；凭借快速的 AB 测试、实时性的数据反馈，来持续改善营销活动策略。

D 公司拥有海量的会员数据，包括会员个人信息、交易记录、活动参与情况等数据，并且每天都会有大量的数据产生，如用户购买记录、浏览记录、搜索记录、商品信息、广告点击率等。D 公司希望对会员数据进行精细化分析和挖掘，以实现针对会员生命周期中不同阶段的精准营销。

D 公司的数据分散在多个部门和系统中，包括订单管理系统、会员管理系统、营销系统等。由于这些系统是独立运行的，既有本地部署的套装软件，也有 SaaS 产品，难以保证各个系统之间的数据一致性和完整性。例如，订单系统和会员系统中存在相同会员的数据，但由于不同的系统数据标准不同，因此会出现数据重复或冲突的情况。

此外，作为一家电商公司，数据安全对于 D 公司的稳定运营和用户信任至关重要。然而，D 公司的数据安全面临多方面的威胁，如黑客攻击、内部数据泄露等，其数据应用和分析能力也较弱，很多数据被装进了"黑盒子"，并没有得到很好的应用。

7.4.2　难点解析

D 电商公司从各种渠道收集会员数据，如网站、社交媒体、客户服务等。如何有效地整合这些会员数据，形成精准的会员画像对 D 公司而言是一个挑战。会员在不同的平台、不同的时间可能会提供不一样的信息。例如，同一会员在手机端和电脑端注册的信息可能不同，或者会员随着时间的推移更新了自身的信息。因此，数据必须定期更新才能保持其准确性和有效性。但这个过程会很复杂，需要投入大量的资源。

通过对会员数据的深入分析，可以揭示会员的行为模式、购买习惯、行为偏好、促销敏感度等关键信息，这些信息是形成会员画像的关键。为了形成精准的会员画像，D 公司必须综合分析各种类型的数据，通过计算规则，给会员自动地贴上多种标签。其中，订单数据是最重要的一部分。订单数据可以揭示会员的需求、偏好、价值、满意度和忠诚度等多方面的信息。

然而，D 公司会面临订单数据多样性和不一致的问题。D 公司在许多第三方电商平台上开设网店，通过自研的 OMS 与淘宝、京东、天猫、美团、有赞等平台对接订单数据。从多个外部渠道汇总过来的订单 ID 规则、商品编码，以及同一个客户在外部系统中的客户 ID 和名称都存在不一致的问题。由于这些数据格式的不统一，想要进行汇总分析十分困难，更不用说进一步的数据挖掘。

D 公司拥有大量的商品数据，这些数据包括商品名称、品牌、价格、规格、属性等信息。由于商品数据的来源多样且属性信息复杂，商品属性存在不规范和数据不一致的问题。例如，同一种商品在不同的店铺中有不同的属性定义，如"颜色"会有"红色""红色色系"等多个定义。同一种商品在不同店铺中的规格、品牌、价格等信息也会存在差异。不仅如此，商品在销售的过程中会进行套装组合销售，并且促销活动期间的价格体系灵活多变，这使库存备货和财务结算环节变得更复杂。

商品的类目信息存在不规范、重复、不全的问题。不同业务部门、不同销售渠道对商品的分类方式不同，同一种商品被归到不同的类目中，存在一个商品被分成多个类目的情况。同时，由于管理方式的不一致，某些商品没有被正确地分类到相应的类目中，导致类目信息不全。

在技术方面，D 公司同样面临着挑战。由于 D 公司的业务涉及与多个外部平台的合作，这些平台各自采用不同的数据结构标准，因此数据的有效、自动化整合成为一项艰难的任务。而依赖于人工操作来进行数据的合并，不仅时间长、成本高，而且容易出现错误。解决这一问题需要 D 公司投资和运用各种技术工具与平台，并根据具体的需求来选择合适的解决方案，涵盖诸如技术选型、技术应用，以及技术团队建设等多个方面。

7.4.3　应对策略

D 公司在数据治理实践中采取了以下应对措施。

- 规范化会员和商品数据：D 公司从会员和商品数据的规范化着手，

建立统一的会员 ID（One ID）和商品体系，以实现数据的一致性和准确性，同时为数据整合和分析奠定基础。

- 建立数据整合平台：为了实现不同系统的数据整合和同步，D 公司建立了一个数据整合平台。这个平台可以基于规则对数据进行自动化整合，减少人工参与，同时可以处理不同数据源的数据格式问题。

- 引入数据映射规则：由于不同数据源的数据格式不同，D 公司引入数据映射规则，完成规则转换。这样可以解决数据格式不一致的问题，使得数据能够顺利地流入数据仓库。

- 重点关注关键业务环节：在数据治理过程中，D 公司重点关注会员全生命周期、订单履约、促销活动效能转化等环节，通过将订单管理系统、会员管理系统、营销系统等中的数据整合到一起，实现数据关联分析，并快速反馈给前端业务环节，以迅速调整业务策略。

- 建立数据规范和标准：D 公司制定并执行数据的命名方式、规则、长度等规范和标准，通过对订单、用户、营销、商品等数据进行统一命名和规范化，提高数据的准确性和一致性。

- 开展商品类目的数据治理：D 公司对商品进行规范化分类，统一商品分类的标准和定义。D 公司对于已有的类目进行分类、归并和合并，消除重复和混乱；建立商品类目管理系统，集中管理和维护商品类目，保证准确性和一致性；建设主数据管理系统，对商品类目进行分类、归类和编辑等操作，以确保类目的合规性和准确性。

7.4.4 实现效果

D 公司的数据治理工作在多个方面取得了显著成效，通过数据治理提高了会员标签的准确性，构建了 360 度会员画像，在会员行为分析方面更加精准。同时，D 公司实现了全渠道订单履约的高效性、商品类目的规范性、会员忠诚度的提升，以及促销 ROI 的提升。

1．会员画像和行为分析

通过数据治理，D 公司对会员、商品和订单数据进行了规范化处理，建立了准确的会员画像和行为分析体系。D 公司可以了解每个会员的购买偏好、浏览行为、促销敏感度等，从而精准推送个性化的营销信息。

2．全渠道订单履约

数据治理帮助 D 公司提升了全渠道订单履约能力，将线上和线下的订单数据整合在一起。这使得 D 公司能够更好地管理全渠道库存，统一配送和交付，提高了订单履约的准确性和效率，改善了客户的购物体验。

3．商品类目的规范化

D 公司对商品类目进行了规范化处理，统一了不同渠道和系统中的商品分类标准，消除了商品类目不一致带来的困扰，使得数据分析过程更加精准。

4．会员忠诚度提升

D 公司构建了更精准的会员价值评估模型。通过分析会员购买历史、频率、购物车行为等数据，D 公司能够识别出高价值、有潜力的会员，制订有针对性的激励计划，提升会员的忠诚度和留存率。

5．促销 ROI 提升

D 公司能够更准确地评估促销活动的 ROI。通过分析促销活动期间的购买数据和用户行为，D 公司可以估算每个促销活动在不同地域、不同渠道的实际效果，从而调整和优化营销策略，提升促销 ROI。

7.5 政府、金融和能源等领域

政府、金融和能源等领域是拥有大量敏感数据和庞大数据资产的重要领域。本节将介绍这些领域的数据治理实践，深入分析这些领域在实施数据开放与治理过程中所遇到的难点，包括数据安全与隐私保护、数据共享与标准化、数据治理平台建设等。本节将通过具体的实践案例，展示这些领域如何借助数据治理来实现数据资源的共享与开放，促进领域创新和协同发展。

7.5.1 案例：数据开放与治理

金融与能源等行业都是国家经济发展的重要支柱行业，政府对这些行业的发展起到至关重要的作用。各领域在生产经营中都会产生大量的数据，这些数据对于其发展和管理至关重要。然而，数据分散在各个部门中，多个系统中的数据无法直接互通互联，难以被全面分析和利用。因此，需要建立数据治理体系来解决这些问题。

案例一：在数字政府的建设过程中，数据治理是关键问题之一。这一过程包括提升政府数据管理能力，以推动政府治理能力的提升。以某地区人民政府的人口基础数据库建设过程为例，该数据库汇聚了中华人民共和国人力资源和社会保障部、中华人民共和国民政部、中华人民共和国国家卫生健康委员会等部门的人口数据，包括居民身份证号码、姓名、出生日期、出生地、性别、民族、照片、生存状态、户籍所在地等信息，形成了全量的人口数据档案。该地区人民政府通过人口基础数据库，可以对外提供多种服务，如人口基本信息查询、身份信息核验、总量统计、人口基本信息批量比对等。这些来自不同政府部门信息管理系统之间的数据必然存在数据标准不一致的问题，要汇总在一起进行数据聚合，就要先完成数据一致性治理。

案例二：某银行为了提高信贷业务的风险管理水平、降低不良贷款比例，开展信贷风险管理数据治理项目。通过这个项目，该银行建立了一个完善、统一的信贷风险数据平台，为风险评估、信贷决策和贷后管理提供实时、准确的数据支持。在该项目的实施过程中，该银行要整合银行内部及外部的信贷风险相关数据，利用数据分析提高信贷业务风险管理水平；收集信贷风险管理相关数据，包括但不限于客户征信数据、贷款申请数据、还款记录、逾期信息等，数据来源包括银行内部系统、征信机构和外部合作伙伴。为保护客户隐私和数据安全，该银行还必须确保只有经过授权的用户才能访问数据。该银行的信贷风险数据平台具备实时查询、数据可视化、风险评估模型等功能，方便业务部门和风险管理部门进行实时监控及决策。该银行根据贷后数据对客户进行风险分级，为贷后管理提供支持；通过数据治理和应用，提高信贷业务风险管理水平，大幅度降低不良贷款比例。

案例三：某券商投资策略与交易数据治理项目。通过这个项目，该券商打造了一个综合的投资策略和交易数据平台，为投资决策及交易执行提供实时、准确的数据支持。该券商收集与投资策略和交易相关的数据，包括但不限于市场行情数据、交易数据、客户投资行为数据、宏观经济数据等，数据来源包括券商内部系统、交易所、数据提供商和外部合作伙伴；对数据进行清洗、去重和整合，形成统一的数据标准；在统一的数据基础上，建立一个投资策略与交易数据平台。该平台具备数据可视化、策略回测、交易模拟等功能，方便该券商的投资策略部门和交易部门进行实时监控及决策。

案例四：某电力公司实施智能电网数据治理项目，目的在于提升电力系统的运行效率、降低运维成本，以及提高可再生能源的使用效率。该电力公司通过此项目构建了一体化智能电网数据平台，为电网监控、运维决策和能源调度提供实时且精确的数据。该数据平台聚焦各种与智能电网相关的数据，如电网设备的状态数据、电力消费数据、气候数据、政策法规数据，以及可再生能源的发电数据等。这些数据的来源涵盖了电力公司的内部系统、气象部门、能源监管局，以及外部的合作伙伴。在统一的数据基础上，该数据平台实现了实时查询、故障预测及能源调度等功能，这些功能为运维部门和规划部门进行实时的监控及决策提供支持。凭借该数据平台的深度分析能力，该电力公司优化电网运行、提前发现并预防可能出现的故障，从而降低运维成本。同时，该电力公司根据实际的能源需求和发电数据，使能源调度工作更有效率，从而进一步提高可再生能源的利用率。

7.5.2 难点解析

在政府、电信、金融、能源等领域中开展数据治理工作会遇到的难点如下所述。

- 数据复杂性：在这些领域，数据通常涉及多个系统、多个部门和多个业务流程。这意味着数据的来源、格式和内容错综复杂。例如，在电信行业中，用户数据不仅包括基本的用户信息，如姓名、地址、年龄、性别等，还包括许多其他类型的数据，如用户的消费行为数据（包括充值、套餐选择、增值服务购买等）、网络使用数据（包括通话、上网、短信等行为）、设备信息等。

- 数据整合：这些领域通常都有大量的业务系统和数据源。如何将这些数据有效地整合在一起，并提供统一的视图和服务，是技术和管理上的双重挑战。

- 安全风险：电信、金融、能源等领域的数据涉及国家机密、企业机密等敏感信息，数据泄露、系统被攻击的风险较高。而且，这些领域往往受到严格的监管，必须符合各种数据保护法规。为保护数据安全，这些领域中的组织应该对敏感数据进行加密和脱敏处理。然而，加密和脱敏技术的选型、实施及管理会给组织带来挑战，如加密密钥管理、脱敏数据的可用性等。实现有效的数据访问控制需要组织设计和实施严格的身份验证、授权及审计机制。此外，组织还要有制度和流程来应对内部人员滥用权限等问题。

- 数据质量问题：这些领域的决策和服务质量严重依赖于数据的质量及数据的准确性。数据错误、不完整或不一致可能导致业务流程出错，影响客户体验和企业声誉。

- 跨部门协作与沟通障碍：这些领域中的组织通常具有庞大的组织结构，部门墙很厚，跨部门协作和沟通对数据治理的成功至关重要，在开展数据治理工作时，组织需要解决不同部门之间的利益冲突。由于各部门的业务目标与关注点不一致，在数据治理过程中会产生分歧。各部门对自己管理的数据具有所有权，并对数据的使用和共享有独立规定，从而造成数据共享的阻力。数据所有权、访问权限、数据质量责任的划分可能导致部门间的纷争，影响数据治理工作的推进。

7.5.3 应对策略

在这些领域开展数据治理工作，更适合采用"自顶向下"的方式，强调上级单位组织和集团高层的推动、监督执行。大型组织的变革行动力相对于中小型组织来说更为缓慢。大型国有企业相对于私营企业来说，因为行业地位更为稳固，所以对于市场竞争的响应会不够敏感，在推动数据治理之类涉及大量跨组织、跨部门沟通协调任务的项目时就会遇到更多的困难。

对于这些领域来说，数据治理不仅需要技术手段，更需要全面、系统的管理策略和方法，以确保数据治理工作的有效性和合规性。针对此类对稳定性和风险规避有很高要求的数据治理项目，组织的首要任务是建立系统化的制度、流程和方法，并从整体规划入手，制定数据治理的组织架构、岗位要求、流程和规章制度。为了实现数据战略目标，建立体系化的数据组织架构和明确职责的分工是非常必要的。在数据治理项目中，数据标准管理、数据质量管理、数据架构与共享，以及数据安全等方面都需要通过专项的方式进行深入建设，以支持业务发展并实现数据价值。

相比其他领域，这些领域的数据通常规模巨大且结构复杂，因此需要更强大的数据处理和管理能力，对数据的实时性要求很高，这对数据的收集、处理和分析能力提出了更高的要求。风险评估和应对措施也必须仔细考量，组织应该针对潜在的风险和问题及时进行风险评估，包括数据安全分级、数据灾备和恢复等措施。

针对这些领域的特点，组织在数据治理的过程可以参考以下关键步骤。

- 建立明确的数据治理架构：组织应确立数据所有权，设置一个企业级别的数据治理组织架构，包括决策层、管理层和执行层，并制定清晰的数据管理工作机制、管理制度和规范，包括工作流程、审批制度、数据共享、访问权限等方面的明确规定。

- 制定统一的数据标准和格式：组织需要编制并推行统一的数据标准

和格式，以减少因数据格式不统一导致的数据整合难题。组织一般会引入外部专业咨询机构来完成数据标准的编制工作。

- 建立数据质量管理机制：对于数据质量的问题，组织可以设立一套完整的数据质量管理机制，包括数据质量的评估、监控和改进等步骤，以确保数据的准确性、完整性和及时性。

- 促进部门间的协作：对于部门间目标不一致和信任不足的问题，组织应加强各部门之间的沟通，建立明确的数据治理目标和 KPI，以确保所有部门对数据治理的目标达成共识。同时，组织应加强部门间的信任建设，确保数据的安全和合规性，避免数据被滥用。组织应从组织层面考虑复杂问题的上升机制，数据管理团队定期向数据决策委员会进行汇报，确定最终解决方案，避免长期的议而不决。

- 引入数据治理工具：考虑到数据治理工作的长期性和复杂性，建议组织引入专门的数据治理工具，如数据标准管理工具、数据质量管理工具、数据资产目录工具、主数据管理工具等，以保证数据治理经验和成果能够得到可持续性的积累。

- 建立数据文化：包括提高全员对数据重要性的认知、提升数据素养，以及培养数据驱动的决策习惯。

7.5.4　实现效果

在政府与金融、能源等领域，通过数据治理的实践，推动行业的创新发展和服务质量提升，在数据组织保障、数据标准体系、数据确权、数据资产盘点编目和建设数据安全保障平台等多方面取得了良好的效果。这些工作的落地提升了数据的价值，有效促进了各组织的数字化转型。

1. 数据组织保障

组织建立了分级的数据组织架构，明确了各个部门及人员的数据管理责任和流程。以政务部门为例，成立由主管领导牵头的政务数据资产小组，配置专业的数据人员，数据组织架构中应该包括领导层、主管部门和相关部门的各种角色成员，方便跨部门的沟通、协调。

2. 数据资产编目及数据标准体系

在数据资产平台项目的实施过程中，组织建立了统一的数据标准体系，对数据进行分类、定义和规范化，保证数据资产质量。通过数据资产的盘点，明确数据原始来源及数据流向。通过数据资产地图，确保数据血缘关系清晰、准确。盘点数据资产并对其规范化，促进了不同组织之间的数据对接和交换，减少了数据集成的复杂性。

3. 数据确权

组织通过数据治理实现了数据的确权与管理。例如，对于政务数据，相关政府部门明确了其所有权、创建权、管控权、使用权和运营权等，确立了政务数据的权属和使用规则，确保了数据的合法性与安全性，促进了数据共享。

4. 数据安全保障平台

组织建设了数据安全保障平台，强化了数据的安全性和隐私保护，设置了绝密、机密、秘密等不同等级的数据分级安全机制，对敏感数据采用了数据加密技术，建立了数据权限管理系统，以防数据泄露，维护数据的安全。

7.6　本章小结

数据治理在不同应用场景中的难点和应对策略存在差异。每个领域由于业务模式和竞争环境的不同，数字化转型的重点任务也会有所区别，因此为了推动数字化转型而开展的数据治理项目也会面临着独特的数据管理挑战。例如，大型集团/企业的复杂组织结构和多样化数据来源、零售与分销行业的多渠道业务和商品多样性、制造业的分散生产数据和物料编码不统一，电商行业的订单数据多样性和商品属性不规范，以及政府、金融、能源等领域的数据标准、监管要求等不一致。

有效针对应用场景的独特性来制定数据治理的应对策略，需要从应用场景出发进行深入分析；理解应用场景的特点、数据来源、业务流程等，把握数据治理的关键难点和挑战；明确数据治理的目标，确定数据治理的重点领域和优先级，确保策略的针对性和实施效果；建立专业的数据治理项目团队，结合行业特点培养具备专业知识的人员，制定详细的数据治理方案，并建立完善的数据治理流程。此外，各组织还应积极探索各领域的先进数据治理实践和技术，借鉴成功经验，不断优化和调整策略，持续监测和评估数据治理的效果，适应环境的发展和变化。

置身于不同的应用场景中，了解不同领域的数据治理案例，可以获得针对不同领域的应对策略和解决方案。读者可以结合这些实践案例来拓展思路，更好地理解如何在实际工作中充分考虑所在行业的特点，确定数据治理工作的重点，应对数据治理过程中的挑战，提升数据治理的效果和价值，最终为企业创造出更高的数据应用价值。

第 8 章

技术场景

橘生淮南则为橘，生于淮北则为枳。

不同的技术架构通常有自己独特的技术生态系统和工具支持。这些生态系统和工具会基于该技术架构提供特定的解决方案与功能。由于不同的技术架构有不同的特性，进行数据治理所面临的难题也会有所不同。

混合云架构下的数据分布在多个云平台和本地环境中，数据治理项目团队需要面对数据分散和碎片化的问题，这些数据的存储从硬件、数据形态、网络环境等诸多方面都有着非常复杂的技术性差异。不同云平台和本地环境的数据集成会给企业带来很大的技术挑战。

面对海量的数据，大数据架构通过分布式计算和并行处理实现高性能的数据分析。这种独特的分布式、大规模的并行数据处理和计算能力需要独特的技术栈工具予以支持，也会对数据治理的实施方式及工具选择产生极大的影响。

微服务架构中的各个微服务维护着自己的数据存储，想要确保数据的准确性和一致性，就必须解决微服务之间数据一致性和同步的问题。微服务架构中的数据调用关系也比较复杂，给异常问题排查增加了难度。

不同技术架构场景下的数据治理难题因技术架构本身的特点和要求而异。成功的数据治理项目团队必须能够充分理解及应对特定技术架构场景带来的挑战，并采取相应的策略和措施来解决数据治理难题。

8.1 混合云架构下的数据治理

在当今数字化时代，混合云架构因可以充分发挥私有云和公有云的优势，满足不同业务需求，成为很多大型企业的选择。然而，混合云架构下的数据治理也带来了一系列独特的挑战。本节将通过 E 医疗集团在混合云技术环境中的数据治理实际案例，深入探讨在混合云架构下进行数据治理的难点和应对策略。

8.1.1 案例：E 医疗集团的数据治理

大型医疗器械集团——E 医疗集团，其数据中心拥有大量的数据，包括渠道销售记录、采购记录、仓库出入库记录、生产和物流数据等。由于数据来源复杂、数据规模庞大，且数据存储和处理在多个云平台上进行，部分数据质量不稳定、数据获取延迟时间长、数据管理难度大等问题，使得 E 医疗集团数据的质量和利用价值受到限制。

E 医疗集团的数据中心采用混合云架构，其中包括私有云和公有云的组合，为了避免被单一云供应商的服务所绑架，其使用的公有云包括 AWS、阿里云、华为云、天翼云等，需要兼容不同的技术平台和工具，以便跨平台协

277

作和数据交互。不同的云平台具有不同的技术特点，如 Linux 操作系统、Windows 操作系统等，云平台服务器上面运行的工具各异。其数据中心使用多种数据库系统，如 MySQL、Oracle、SQL Server 等。而且，其存储系统也各式各样，如云盘、SSD 云盘、ESSD 云盘、OSS 对象存储器、NAS 网络存储器等。这些特点给 E 医疗集团的数据管理和治理带来了很大的技术挑战。

医疗行业属于强监管行业，E 医疗集团的数据中心必须保证数据的高可用性，要有健全的数据备份和恢复机制，且能兼容不同的备份和恢复工具，以便实现跨平台数据备份、迁移和恢复。同时，E 医疗集团还需要实现数据的安全保护和合规性管理，以确保数据的机密性和完整性。

8.1.2　难点解析

在这样的混合云架构下进行数据治理，E 医疗集团会遇到以下几个难点。

- 组织协作机制：在混合云架构下，数据分布在多个云服务提供商和内部系统中。确定谁负责哪些数据、谁有权访问和修改哪些数据，以及在发生数据问题时由谁负责解决等都是棘手的问题。由于涉及多个云服务提供商和内部部门，而不同的部门或团队有各自的工作任务目标和优先级，这会在时间排期上导致冲突，因此需要 E 医疗集团建立组织协作机制。

- 大规模数据管理：具有多云 IT 基础设施的企业，通常组织庞大、业务系统众多，数据规模也非常庞大，涉及非常多的数据源和数据类型，需要进行大规模数据管理。

- 技术选型和集成：E 医疗集团应选择合适的技术工具和系统，实现数据治理的各项功能。太过杂乱的技术栈和工具体系，会导致极高的运维成本。E 医疗集团应综合考虑系统兼容性、数据交互和数据流程等诸多因素来进行合适的技术选型，在功能强大与易用性之间取得平衡，这不是一件容易的事情。

- 数据备份和恢复：E 医疗集团应采用完善的数据备份和恢复技术来保护数据不丢失，包括定期备份、灾难恢复等。要想在不同的云服务之间进行数据迁移，必须选择功能强大的数据迁移工具。对于长期未使用但不能删除的冷数据，也要有完备的数据存储和归档策略，以降低数据的持有成本。

- 数据一致性问题：在混合云架构下，数据会在不同的地方进行修改或更新，如何确保数据的一致性是一个难题。在混合云架构下保障数据传输过程的稳定性和在异常情况下重试、修复数据都会比较困难。

- 安全性和隐私性：在混合云架构下，数据在公共云、私有云之间进行传输，这会增加数据被非法访问或泄露的风险。E 医疗集团应该精心设计数据加密和访问控制机制，以保护数据的安全和隐私；建立合适的数据安全策略，包括数据加密、数据访问控制、数据备份和恢复等措施。

8.1.3　应对策略

在混合云架构下开展数据治理，E 医疗集团可以考虑以下策略。

- 数据分层管理：根据数据的敏感性和业务重要性，将数据分层存储在私有云和公有云中。E 医疗集团可以将核心业务系统中的敏感数据（如财务系统、客户管理系统、人力资源系统等）存储在私有云中以保证数据的安全和控制权；利用公有云弹性和便利的特性将非核心业务系统中的非敏感数据（如政府公共数据、行业数据、系统日志、测试数据等）存储在其中。

- 建立数据共享和安全机制：在私有云和公有云之间建立数据共享与数据安全机制，保证数据的机密性及完整性。E 医疗集团可以使用虚拟化技术实现两者之间的数据交换和应用共享，同时建立统一的访问控制与安全策略。

- 实施高效的数据管理和治理：建立数据管理流程和数据质量系统，实现对数据质量的持续监控与改进。

- 统一的云环境监控和管理：实现对整个混合云环境的全面管理和控制。这包括对各个云服务的性能、安全、成本等方面的自动化监控和管理，以保障整个云环境的稳定运行及高效使用。

- 设立专门的数据治理组织：在组织架构上，可以设立专门的数据治理部门或委员会，负责统筹、协调 E 医疗集团内部各部门在数据治理工作中的配合和沟通，确保数据治理的统一性与有效性。这个组织需要有足够的权威和决策力，能够处理与解决数据治理过程中遇到的各种问题及冲突。E 医疗集团应该制定数据管理制度来明确各部门在数据治理工作中的职责和权限，以及在违反制度时的处理方法。

8.1.4 实现效果

在混合云架构下，E 医疗集团通过数据治理的实践实现了数据治理平台的建设，完成了数据治理项目团队的组建。同时，通过统一的混合云环境监控和管理平台、数据运维管理机制，以及数据共享和安全保障平台的建设等多个项目，E医疗集团提升了数据的安全性、可用性，推动了其数字化进程。

1．数据治理平台

通过建设数据治理平台，E医疗集团实现了数据的一站式管理和分发。各业务系统的数据被规范整合，并按照统一的标准和规范接入数据治理平台。下游系统完成了必要的改造，确保数据的创建、同步更新、数据质量等都符合数据标准规范。

2．统一的混合云环境监控和管理平台

E医疗集团建设完成统一的混合云环境监控和管理平台。通过该平台，E医疗集团可以实时追踪云资源使用情况、性能指标和安全事件，确保云环境的稳定和可靠运行。

3．数据运维管理机制

E医疗集团完善了混合云环境下的数据运维管理机制。对于云上的数据，E医疗集团统一制定了备份、恢复、灾备等策略，以确保数据的安全性和可靠性。同时，E医疗集团建立了数据质量监控和数据一致性保障机制，防止多云环境带来的数据不一致问题。

4．数据共享和安全保障平台

E医疗集团搭建了数据共享和安全保障平台，使得各分支机构的业务系统之间可以更方便地共享数据。同时，E医疗集团通过数据治理项目来确保数据共享的安全性，对敏感数据进行加密和权限控制，防止数据泄露和被滥用。

8.2　大数据架构下的数据治理

本节将通过 F 广告公司在大数据架构下开展数据治理工作助力大数据营销平台建设的实际案例，来探讨在大数据架构下开展数据治理工作将遇到的难点及应对策略。本节将展示 F 广告公司如何利用大数据技术来收集、分析和挖掘海量的用户行为数据，深入分析在对这些数据进行数据治理的过程中所遇到的难点，包括数据采集与整合、数据质量与一致性、数据安全与隐私等方面。

8.2.1　案例：F 广告公司的大数据营销平台

F 广告公司专注于为客户提供全面的广告解决方案，涵盖线上和线下的广告投放。F 广告公司的客户主要分布于零售、消费品、金融、旅游等行业。F 广告公司需要与多家广告投放平台合作，建立数据共享和数据交换机制，以获取更多的广告投放过程数据。为了更好地管理与利用从广告投放和监测平台收集到的大量广告数据，F 广告公司构建了一个采用大数据架构的营销数据平台，为客户提供更准确、更有效、更个性化的广告服务。

F 广告公司的营销数据平台致力于全方位分析广告投放效果，其中包含的关键指标有广告的曝光量、点击量、点击率、转化量、转化率、用户参与度，以及投资回报率（ROI）等。这些参数分别反映了广告的覆盖面、吸引力、效果、用户对广告内容的兴趣程度，以及广告的经济效益。通过对这些数据的实时跟踪和深度分析，F 广告公司可以全面评估广告投放的效果，并为优化广告策略提供及时的决策依据。

F 广告公司的营销数据平台具备数据整合能力、实时分析能力、深度分析能力、数据可视化能力及自动化运营能力。它能够整合并处理来自各种广告平台、社交媒体、搜索引擎等不同数据源的数据，实时监控和分析广告投放情况，以便及时调整广告投放策略。通过深度学习等算法模型，F 广告公司的营销数据平台能对大规模数据进行深度分析和挖掘，以预测广告投放效果的变化趋势。同时，F 广告公司的营销数据平台能够根据分析结果自动调整不同渠道平台的广告投放策略，实现一定程度上数据驱动的自动化运营。

F 广告公司的营销数据平台主要基于通用型 Hadoop 大数据架构，使用 Apache Flume、Kafka 和 API 调用等方式进行数据采集，对数据进行清洗和过滤后将其存储到 Hadoop HDFS 分布式文件系统中，采用 Spark 和 Hive 等工具进行数据深度分析和挖掘。在数据应用层，F 广告公司的营销数据平台使用 Python 和 Java 等编程语言开发可视化报表，并提供数据服务开放接口供业务系统调用。

8.2.2 难点解析

F 广告公司在这种大数据架构下进行数据治理，会遇到以下难点。

- 海量数据：广告投放和监测数据量大，需要建立高可靠、高可扩展、低成本的数据处理架构。F 广告公司必须用专门的大数据技术栈来应对海量数据的处理场景。这对数据治理人员的技术能力提出了更高的要求。因为大数据技术正在快速发展，所以 F 广告公司的数据处理架构只有不断迭代发展才能跟上新技术的发展，如 Hadoop、Spark 等分布式计算框架，以及 Kafka、Flink 等实时处理框架。同时，大数据治理技术相当复杂，这对人才的要求也很高。企业要想组建一支理解大数据技术、掌握数据治理技能的技术团队，每年需要投入几百万元，否则难以使该团队高效运转。

- 数据多样性：大数据架构下的数据类型更加多样，既有结构化数据，也有非结构化数据，如文本、日志、图像、音频、视频等。这使得数据清洗、转换、整合等工作更加复杂。

- 实时性数据治理：在大数据架构下，企业对数据的实时性要求更高。F 广告公司必须实时或近实时地收集、处理和分析数据，以支持实时决策与业务操作。这就使得数据治理的实时性和动态性成为必要条件，而且对 F 广告公司所使用的技术和工具提出了更高的要求。

- 分布式存储和计算：大数据通常采用分布式存储和计算，数据分布在多个节点上。如果使用了存算分离架构，那么如何有效地调度资源、如何容错、如何优化性能等都会成为需要 F 广告公司慎重考虑的、很复杂的问题。

- 数据价值和利用：在大数据架构下，数据的价值更高，数据利用的方式也更加多样。F 广告公司可以通过更复杂的数据分析和挖掘技术，如机器学习和深度学习，来挖掘数据的价值。这就涉及了算法引擎的集成、算法模型的训练、训练数据的准备等一系列的问题。

8.2.3　应对策略

F 广告公司在大数据架构下，围绕营销数据平台建设来开展数据治理，应对策略包括以下几点。

- 使用先进的数据治理工具：由于大数据环境的复杂性和动态性，使用先进的数据治理工具是非常必要的。这些工具专门用于大数据场景（如 Apache Griffin 等），适合与 Hadoop、Spark、Flink 等搭配，可以自动执行许多数据治理任务，如数据清洗、数据分类和标签、数据质量检查等。

- 实时数据治理：对于广告效果分析平台来说，实时数据治理尤其重要。F 广告公司可以通过使用流处理技术和实时数据处理工具（如 Kafka、Flink 等），实现数据的实时收集、处理和分析；通过实时数据治理，确保数据的及时性和准确性，从而更好地实时调整广告投放策略。

- 建立数据治理框架：F 广告公司明确定义了数据的所有权、责任、访问权限及数据质量标准，建立了数据治理框架。这一框架有助于 F 广告公司保持数据的一致性和准确性，同时有利于 F 广告公司在各个层面上的数据管理。

- 设立专门的数据治理项目团队：大数据架构下的数据治理会因为技术的复杂持续出现一些新的技术问题，因此，这不是一次性的任务，而是一个持续的过程。在这种情况下，建立一个专门的数据治理项目团队是必要的。这个团队的职责包括规划和执行 F 广告公司的数据治理策略，处理数据相关的问题，以及培训其他员工恰当地处理数据。

- 建立数据标准化和转换机制：由于外部广告平台的数据存在不同的数据格式和数据模型，因此 F 广告公司需要建立数据标准化和转换机制，以适应公司内部的数据模型，并使用 ETL 工具来实现数据的标准化和转换。

8.2.4　实现效果

在大数据架构下，F 广告公司通过数据治理的实践，显著提升了大数据营销平台的效能和价值，为广告业务的发展提供了重要的支持作用；完成了大数据中心和数据搜索平台的建设，实现了非结构化数据的处理与检索。同时，F广告公司搭建了实时数据仓库平台，完善了大数据运维管理机制，实现了大数据的商业价值。

1. 大数据中心

F广告公司建立了高度可扩展的大数据中心，集成了多源数据，包括广告投放数据、用户行为数据、社交媒体数据等。大数据中心成为数据的汇聚地，为数据分析和利用打下了坚实基础。

2. 数据搜索平台

F广告公司通过建设数据搜索平台，高效地处理非结构化数据，如广告海报图片、广告短视频、社交媒体评论、用户留言等。该平台采用自然语言处理技术，对非结构化数据实现了特征提取，进而对提取的文本和关键词进行情感分析，使F广告公司可以更好地了解用户对于广告素材的感受。

3. 实时数据仓库平台

F广告公司搭建了实时数据仓库平台，实现了对实时数据的采集、处理和存储。这使得F广告公司可以及时地监测广告效果、用户互动等信息，从而迅速调整广告策略，提高营销效率。

4. 大数据运维管理机制

针对大数据架构的复杂性，F广告公司建立了大数据运维管理机制。其中包括自动化监控系统，能够实时监测集群性能、预测潜在问题，确保大数据平台的稳定性和可靠性。

5．大数据价值变现

通过数据治理实践，F 广告公司实现了大数据的商业价值。通过分析广告投放效果、用户喜好等数据，F 广告公司优化广告投放策略、提高广告点击率和转化率，为客户带来了更有针对性的广告服务。

8.3 微服务架构下的数据治理

微服务架构已成为众多大型应用的首选，它在带来灵活性和可扩展性的同时，也为数据治理带来了新的挑战。本节将通过 G 烘焙公司的数据治理具体案例，重点介绍在微服务架构下，如何通过数据治理实现数据的一体化，从而提升业务运营的效率和效果；分析 G 烘焙公司在数据一体化过程中所遇到的难点，包括数据来源多样性、数据格式不一致、数据安全性等问题；展示 G 烘焙公司应用微服务架构来构建数据一体化平台面临的挑战，探讨应对策略，以便于 G 烘焙公司更好地应对微服务架构下数据治理的复杂性和挑战性。

8.3.1 案例：G 烘焙公司的数据一体化平台

G 烘焙公司是一家提供面包、蛋糕等烘焙产品的大型连锁企业，其线下拥有数百家门店和数千个产品品类，同时通过微信小程序、App、外卖平台及第三方电商平台在线销售产品。

G 烘焙公司的产品分类定义不明确，在不同的系统里分别都在维护。比如，CRM 系统中有费用型产品分类，订单和经销商门户系统中有产品分类配额，终端门户系统中有终端产品分类等，在这些系统之间进行数据拉通分析很困难，存在业务重复维护且部分系统维护不及时的现象。

　　由于缺乏对营销数据的准确评估，G 烘焙公司无法及时发现和解决营销活动中出现的问题，从而影响了整体的营销效果和销售业绩。此外，老系统中订单数据的处理效率低下，导致订单处理不及时，无法满足用户需求。G 烘焙公司的财务数据处理也存在问题，老系统中财务数据的处理不规范，存在多次记录、漏记等问题，给财务管理带来了风险和隐患。

　　G 烘焙公司为了更好地满足业务需求，提高系统的可扩展性和灵活性，建设了业务中台系统。该业务中台系统基于 Spring Cloud Alibaba 微服务架构进行建设。然而，微服务技术架构体系的引入也给 G 烘焙公司的数据治理带来了新的挑战。

　　在微服务架构中，由于原本的单体应用被拆分为多个微服务单元，每个微服务单元都有独立的数据库，并通过接口进行数据交互，微服务单元之间的数据和状态相互独立，因此增加了数据共享与集成的复杂性。微服务架构中各微服务单元之间的数据交互会存在最终一致性问题。这对 G 烘焙公司的财务数据准确性和营销活动效果评估造成了影响。

　　G 烘焙公司希望通过有效的数据治理建立完善的数据治理策略和机制，解决微服务架构中的数据问题，提高数据的管理效率和质量，支持业务的发展和创新。

8.3.2　难点解析

　　从技术角度来看，微服务架构相对于单体应用来说，采用了更为模块化、细粒度的设计，充分解耦各个功能模块，极具弹性扩容能力，但也成为一种更加碎片化的架构。另外，微服务架构本身也会导致数据的分散、不一致、不安全、难以监控和管理等问题。

在微服务架构下，G 烘焙公司进行数据治理时面临的难点主要包括以下几个方面。

- 数据的分散和冗余：由于微服务架构中每个微服务单元都有自己的数据库，数据分散在不同的地方，增加了 G 烘焙公司数据管理的复杂性。在此过程中，由于涉及多个开发小组，数据标准贯彻落地的协调难度大，管理成本更高。

- 数据一致性问题：在微服务架构中，每个微服务单元都可以有自己的数据库，这些数据库在设计开发过程中经常是由不同的研发小组设计的，很可能存在没有遵守一致的数据库设计规范的情形。同时，为了性能方面的优化，设计人员会考虑采用反范式的设计，从而增加了数据冗余，出现多个地方持有同一个数据的问题。传统的数据库事务 ACID 特性①在微服务架构中难以保证被完全遵守，保障跨服务的事务一致性是一个难题。

- 数据监控和管理问题：由于微服务架构中每个微服务单元都是独立的，G 烘焙公司需要对每个微服务单元的数据进行监控和管理，以便及时发现和解决数据问题。G 烘焙公司应建立统一的数据监控平台和数据管理平台，以提升数据质量管理和异常问题排查的便捷性。

- 数据安全性问题：由于每个微服务单元的能力中心都有自己的数据存储，G 烘焙公司必须建立统一的数据安全管理平台，对数据进行加密和访问控制。在微服务架构中，不同的微服务单元会进行大量的

---

① AICD 特性：原子性（Atomicity）、一致性（Consistency）、隔离性（Isolation）、持久性（Durability）。

数据交互。如何保障在跨服务调用时的数据安全，都是 G 烘焙公司需要解决的问题。

- 数据分析和共享：数据分散在不同的微服务单元中，如何高效率地对分散的数据进行分析，以及如何在不同的微服务单元之间共享数据，是一个技术难题。

8.3.3　应对策略

在微服务架构下进行数据治理，G 烘焙公司需要对数据进行更加精细化的管理，要对数据进行更加细致和全面的考虑，谨慎选择适合微服务架构的数据治理工具和平台。

针对微服务架构下数据治理的各项难题，有一些具体的应对方法，如下所述。

- 数据一致性：不同于单体架构中所有数据都存储于一个数据库，可以直接采用传统的关系数据库的事务控制来保证数据的一致性，在微服务架构下，G 烘焙公司应该使用分布式事务模式，通过最终一致性、两阶段提交或三阶段提交等技术来解决数据一致性问题，或者使用补偿事务模式来保持数据一致性。

- 服务监控和管理：在微服务架构中，由于每个微服务单元都是独立的，而且数量众多，只有对每个微服务单元的状态进行监控和管理、保障系统的稳定运行，才能更好地减少数据不一致的问题。G 烘焙公司可以使用监控工具，如 Prometheus、Grafana 等，实现对各个微服务单元的实时监控和管理。

- 定义数据标准和数据治理规范：G 烘焙公司应制定统一的数据标准，

明确数据的定义和用途。同时，制定包括数据命名规范、数据格式规
范、数据访问权限规范在内的数据治理规范。这些规范不仅需要被所
有微服务单元准确遵守，而且需要进行定期更新和审查。

- 数据分析和共享：G 烘焙公司可以通过数据湖、数据仓库，将来自不
  同微服务能力中心的数据集成在一起，以便进行数据分析。G 烘焙
  公司应制定数据访问和共享政策，并采用相应的技术手段来实现数
  据的安全性、可用性和可控性。比如，采用 API 网关、消息队列、
  接口开放平台等技术手段来实现数据共享。

- 数据安全性：G 烘焙公司应建立完善的数据安全机制，包括数据的
  加密存储、传输加密、访问控制等。此外，G 烘焙公司还要进行定期
  的安全审计，以核查安全机制的效用。

- 数据架构设计和优化：在设计微服务架构时，G 烘焙公司应尽量将
  各微服务单元划分为逻辑一致的业务单元，使每个微服务单元保持
  数据的自治性。

8.3.4 实现效果

在微服务架构下，G 烘焙公司通过数据治理推动数据一体化平台的建
设，为业务发展提供了强有力的支持和保障。通过数据治理的实施，G 烘焙
公司在数据集成、数据接口治理、数据标准化、数据资产管理，以及微服务
数据监控和管理等方面取得了显著成效，为其数字化转型和业务发展奠定
了坚实基础。

1. 数据集成

G 烘焙公司营造了高效的数据集成环境，将来自不同业务领域的内部

和外部数据源进行了整合，确保数据的流通顺畅。数据集成环境的建立消除了数据孤岛，使得各个业务部门能够共享数据资源。

2．数据接口治理

公司对外部和内部数据接口进行了治理，确保数据的传输和交换符合规范与标准。通过数据映射和数据转换，不同数据格式得以统一，有效减少了数据传输中的错误和不一致问题。

3．数据标准化

G 烘焙公司建立了数据标准和治理规范，明确了数据的定义、格式、命名规则等，很好地保障了数据的一致性和准确性，使得数据的可信度得到提升。

4．数据资产管理

G 烘焙公司通过建设数据资产管理平台，实现了对 100 多套系统数据资产的管理和监控。合理的数据使用流程和机制，帮助 G 烘焙公司节省了存储和计算资源，提高了数据资源的有效利用率。

5．微服务数据监控和管理

为了确保微服务架构下数据的安全性与稳定性，G 烘焙公司实施了微服务数据监控和管理机制。这使得 G 烘焙公司能够及时发现数据异常等问题，采取相应措施，确保业务的顺利运行。

8.4　本章小结

从技术视角来看，不同的技术架构环境伴随着特定的数据管理挑战。这些数据治理方面的问题在某种技术架构环境中具备一定程度的通用性。例如，在混合云架构下，企业面临多云环境数据集成、数据备份和数据安全性等难题；在大数据架构下，企业面临海量数据类型多样、对数据实时性要求高、分布式存储和计算的技术复杂等挑战；在微服务架构下，企业面临数据分散、微服务单元之间数据同步、数据一致性、数据监控和管理问题等挑战。

针对不同技术架构环境的独特性来制定数据治理的有效应对策略，关键在于深入理解技术环境和数据特点。企业应对不同技术架构环境下的数据来源、格式、处理方式等进行全面了解，理解其数据治理的难点和挑战；结合技术环境的特点，选择合适的数据治理工具和技术，确保数据整合、清洗、存储和分析的高效运行；建立灵活的数据治理架构，考虑数据的生命周期管理和数据安全保障，确保数据的可追溯性和合规性。此外，企业还应加强技术团队的培训和能力提升，保持对新技术的敏感性，不断优化数据治理策略和流程；持续监测和评估数据治理效果，及时调整策略以适应技术环境的变化和发展。通过这样的方式，数据治理能够充分发挥在不同技术架构环境下的不同作用，为企业提供准确、可靠的数据支持，从而推动企业的业务发展和决策优化。

第9章

业务场景

横看成岭侧成峰，远近高低各不同。

即便在同一家企业中、同样的技术架构底层环境下，面向不同的业务场景开展数据治理项目，其侧重点往往也有极大的差异。不同的业务场景涉及不同的数据类型、数据流程、数据需求和数据治理目标，因此会面临不同的数据治理难题。

财务数据的准确性对于经营分析和决策至关重要，数据的准确性必须得到严格保证。财务数据在不同的系统和部门之间流转时既要保持一致性，又要确保安全性，避免敏感信息泄露。企业要想剔除关联交易、合并财务报表、建设业财税一体化的管理平台，都需要进行财务数据的标准化。

供应链涉及多个环节和外部供应商，数据的一致性与可追溯性是保证供应链流程顺畅的关键。供应链的管理过程涉及 ERP、SRM、WMS、TMS、QMS（Quality Management System，质量管理系统）等众多系统和平台，企业在进行数据治理的过程中需要重视多系统间数据集成和共享的问题。物料的编码和种类与库存成本密切相关，对物料进行标准化并将其纳入主数据系统进行统一管理，有利于降低成本。

源头数据复杂多样，要想从数据中洞察营销改善的机会，企业就必须对不同渠道的营销数据进行聚合。想要高效率地解决产品质量问题，企业就要具备产品双向溯源的能力，采集生产过程中的数据有助于回溯问题。要想优化生产的排程，企业不仅要分析生产计划、物料齐套性、BOM、设备产能和工艺路线等数据，还要实时采集设备的参数和产能数据。企业在进行数据治理的过程中要备有针对实时数据的数据质量管理方案。

只有了解这些问题并制定应对策略，企业才能在各个业务领域中实现高效的数据管理，利用准确的数据来提高分析决策的水平、提升管理效率。

9.1　财务数据治理与应用

本节将探讨 H 集团在数据治理领域的实践案例，着重探讨 H 集团如何建设业财一体化平台，实现数据的高效整合和应用；分析 H 集团面对不同子公司、部门间财务数据管理分散、数据孤岛问题等挑战，如何借助数据治理手段来实现财务数据的整合和共享。通过这个案例，希望读者能够深刻理解财务数据治理在集团企业中的关键作用和实际应用。

9.1.1　案例：H 集团的业财一体化平台建设

H 集团的业务涉及多个领域，包括航空、金融、物流等。H 集团在不同地区设有分支机构，集团财务部门会汇总和分析所有分支机构的财务数据，以进行全面的财务管理和决策支持。

H集团作为一家大型集团企业，面临着会计科目体系不统一、辅助核算维度支撑不足，以及关联交易核算不规范等财务数据问题。由于在多元化发展过程中缺乏统一的管理体系，H集团在会计科目编码规则、科目名称、科目级次、核算软件和核算内容等方面都存在不一致的问题，这导致H集团的财务分析能力薄弱。同时，H集团未能设立恰当的辅助核算项目，以致多维度的核算与分析非常困难。例如，H集团想要按业务线、产品线、项目等多个不同的维度来进行损益分析就很困难。

此外，由于H集团下属公司之间的关联交易发生频繁，H集团在关联交易标识的准确性、关联交易的协同程度和入账准确性等方面也遇到了一些问题。这使得H集团在对账时常常出现较大差异，也极大地提高了工作难度。这些问题的存在，不仅影响了H集团准确把握财务状况的能力，也使得数据整合成本高昂、分析效率低下，对其竞争力和发展前景产生了影响。

H集团通过业财一体化平台的建设，贯通业务管理和财务管理功能，实现业务数据与财务数据的无缝衔接；减少重复数据录入、提高数据处理速度，降低人工成本；实时了解业务和财务状况，获得全面、准确的数据支持；建立健全内部控制体系，实现业务和财务的监控与审计。这也有助于H集团识别潜在的风险和欺诈行为，促进企业合规、稳健地运营。

要想实现业财一体化和管财融合的目标，H集团就要对企业的数据进行全面的治理。只有完成了数据的标准化，H集团才能基于业务规则来对数据进行自动聚合，并计算出各项重要指标。结合财务分析模型，对利润率、负债率、资产回报率、现金流等指标结果进行分析、挖掘和可视化，H集团才能对有关业务和财务运营状况进行深入洞察。

9.1.2　难点解析

财务数据治理的难点主要包括以下几个方面。

- 财务准则的复杂性：由于不同地区的子公司运用的会计准则和会计科目不同，包括计算方法、处理标准、报告要求等，因此 H 集团需要在合并报表时要对数据进行逐一调整和转换，这存在一定的难度。由于业务的复杂性和多样性，资产负债表和利润表的调整也具有一定的难度。

- 大量异构的数据来源：由于 H 集团的财务数据来自不同的子公司，各家子公司在收集和处理财务数据时使用的系统工具、数据格式及存储方式也不同，这就需要进行复杂的数据规则适配和整合。

- 数据量大且精准度要求高：在大型集团企业中，财务数据量通常非常大，且涵盖的维度也比较多，如地区、业务、产品、项目等。因此，H 集团在数据处理过程中必须采用适应大数据环境且能实现高精度计算的技术工具，如分布式计算、数据仓库和数据挖掘等，从而确保数据的准确性并提高处理效率。这些技术比较复杂，对技术团队的要求很高。

- 数据安全和隐私保护：财务数据包含大量敏感信息，H 集团必须在数据治理过程中保证数据的安全性和隐私性，这涉及数据加密、访问控制及审计等技术手段。

- 数据质量问题：数据质量对于业务决策和战略规划至关重要，而解决数据质量问题是数据治理中的一个常见难题。

- 复杂的数据治理流程：数据治理涉及多个环节，H 集团应建立完善的数据治理流程和规范。

9.1.3 应对策略

应对财务数据治理这些难点，有如下策略。

- 业务标准化：对于不同地区的会计科目，H 集团可以进行梳理、比较，最终制定一个全局的、统一的会计科目标准。尽量避免同一类型的交易在不同的子公司被记录在不同的科目中，从而影响数据的可比性。除会计科目的标准化外，H 集团还要对会计政策进行统一，包括会计基础、准则和方法等。以折旧方式的不同为例，不同的企业可能采用不同的折旧方法，如直线法、双倍余额递减法、年数总和法等，这会导致即使是相同类型的资产，在不同的企业、不同的业务线或不同的地区，其折旧计算完全不同，从而影响数据的可比性。

- 数据格式标准化：H 集团应制定统一的数据格式标准。例如，日期字段在不同的系统或地区使用不同的格式，为了确保一致性，建议 H 集团选定一个统一的日期格式，并推动所有业务系统都遵循这个格式。此外，H 集团还可以规定数字的格式，如小数点的位数、千分位分隔符的使用方法等。

- 数据质量管理：H 集团应建立数据质量管理制度，包括数据质量评估、数据清洗、数据校验等环节。此外，H 集团还应定期进行数据质量审计和监控，以发现并解决数据质量问题；监控会计科目在不同地区的使用情况，以及时发现问题并进行修正。

- 数据集成：H 集团应通过数据集成技术，将分散在不同系统和地区的财务数据抽取、转换和加载（ETL）到数据仓库、数据湖等中，进行统一管理并整合。

- 数据安全管理：H 集团应建立一套完善的数据保护体系，其中包括数据访问控制、数据加密、数据备份、数据恢复等。H 集团应通过数据访问权限管理制度，对敏感数据进行限制访问，防止数据泄露。例如，在员工离职后及时收回所有系统的访问权限。

- 组织和人员：数据治理不仅是技术问题，更是组织和人员问题。H 集团需要建立专门的数据治理组织，分配数据治理的职责和权限，培训和引导员工参与数据治理，形成数据治理文化。

9.1.4　实现效果

通过数据治理，H 集团在业财一体化、会计科目一致性、关联交易处理、报表合并效率，以及财务分析决策等多个方面取得了显著成效。数据治理为 H 集团的财务管控和决策能力升级提供了极大的支持。

1．业财一体化平台

H 集团完成了业财一体化平台建设，将业务和财务数据更好地一体化整合，不仅在财务对账结算时能检查相关的业务单据，还利用财务分析能力规范了业务的开展。例如，经销商订货时，如果应收款超过了自身的授信额度，则业财一体化平台会自动发起特定的审批流程，以防范财务风险。这样提高了数据的可访问性和集成性，实现了财务数据与业务数据的双向高效交互。

2．会计科目体系一致性

通过数据治理，H 集团实现了会计科目体系的一致性，统一了不同业务部门和子公司的会计科目，消除了会计科目的混乱和重复问题。

3．关联交易处理

H 集团实施了关联交易的识别和分析机制，将组织机构、供应商及员工数据纳入主数据管理系统。通过数据分析，H集团可以准确地识别和记录涉及关联交易的数据，确保交易的透明度和合规性。

4. 报表合并效率

数据治理使得不同子公司的财务数据能够更加顺利地进行合并，H集团可以快速生成准确的合并财务报表，提高了财务报告的准确性和时效性。

5. 财务分析与决策

H集团建立了财务分析与决策的数据基础，营业收入、经营成本、预算、实际发生费用等各种财务指标的业务口径得以标准化和一致化。H集团对财务科目、银行、项目、营销区域等数据进行了规范治理，在财务分析驾驶舱中可以按照不同的维度来分析数据，使得管理层能够基于准确的财务数据进行决策，提高了决策的科学性和效率。

9.2　供应链数据治理与应用

本节将重点探讨某零售连锁企业在供应链协同优化方面的数据治理案例，展示该企业在供应链各个环节中所面临的挑战与问题，包括多供应商数据集成、供应链环节数据质量保障、需求预测准确性等方面；探讨如何借助数据治理手段来优化供应链协同，实现高效运作和资源共享，提高供应链效率和灵活性，从而创造更多的运营效益和竞争优势。

9.2.1　案例：J零售连锁企业集成供应链协同优化

J零售连锁企业是一家全球领先的零售连锁企业，其业务覆盖全球各地，涉及数量众多的供应商和分销商，形成了复杂的供应链网络，涵盖从原材料采购、生产制造、产品销售、库存调拨、物流配送和售后服务等多个环节；数据来源也多样，包括 ERP 系统、仓库管理系统、订单管理系统等。

为了提升供应链的协同效率，J 零售连锁企业启动了集成供应链项目，打通内部各业务部门之间及与外部合作伙伴之间的信息壁垒，形成一个整体的、高效的供应链网络。通过整合库存数据，J 零售连锁企业完成了全渠道库存一盘货的能力建设，并精细化地设计了库存策略。J 零售连锁企业通过分析供应链数据，更好地了解各个核心业务环节之间的关联和影响，进而优化采购需求、采购计划、生产计划、调拨计划，改善库存策略、降低运营成本。

集成供应链项目旨在实现供应链各个环节之间数据的无缝流动和共享，以提高供应链的可见性及透明度。借助物联网、大数据、人工智能等前沿技术，J 零售连锁企业可以实时监控和跟踪供应链中的各项活动与指标，更好地了解供应链的运作情况，及时发现并解决问题，提升供应链的运作效率及响应能力；优化供应链的流程和协作方式，通过整合各个环节的业务流程和数据交互，实现供应链各参与方之间的协同工作；提高流程效率、减少手工操作和信息传递的错误；智能化地识别供应链中的瓶颈和风险问题，如超卖、缺货、供应商信用风险等，并依据设定的阈值规则自动预警。

在 J 零售连锁企业实施集成供应链项目的过程中，数据治理扮演了关键角色。J 零售连锁企业进行数据治理的主要任务是规范和管理供应链的数据，确保数据准确性和一致性，贯通数据孤岛，提升数据流转过程中的效率，增强供应链中的数据可用性和可访问性。J 零售连锁企业通过建立数据集成和共享机制，实施数据接口和集成规范，并提供数据访问和查询的权限管理，保证供应链中的各参与方能够及时获取所需的数据，并进行必要的分析和决策。此外，数据治理还可以增强数据安全性和隐私性，防止数据泄露和滥用，从而提高了 J 零售连锁企业的信誉和增强了其竞争优势。

9.2.2　难点解析

在 J 零售连锁企业实施集成供应链项目的过程中，数据治理的难点如下所述。

- 数据多样性和冗余：由于供应商数据在多个业务系统中被使用，当供应商信息发生变化时，要想保证这些信息在各个系统中及时且准确地得到同步更新并不容易。采购管理涉及合同、价格、采购订单等数据，如何保证这些数据的完整性、关联性和准确性也是一项极大的挑战。库存数据分散于多个系统中，而且包括如活动库存、可用库存、在途库存、锁定库存等彼此有关联的库存数据。这些复杂的数据关系会给 J 零售连锁企业的数据治理带来困难。

- 数据异构性：J 零售连锁企业的供应链数据来自多个数据源，如 ERP 系统、WMS、OMS、TMS、BMS（Billing Management System，费用结算管理系统）等不同的系统，这些系统采用不同的数据格式和标准，每个业务环节产生的数据类型、格式、频率都可能不同。此外，供应商、生产商、批发商、零售商等合作伙伴也有各自的数据标准，增加了数据整合的复杂性。

- 数据质量问题：由于供应链涵盖的环节多、涉及的参与者多，数据质量容易受到影响。例如，数据更新频率不一致、数据缺失、数据错误等问题都会影响数据的可靠性。

- 数据的时效性问题：供应链管理需要实时、准确的数据支持，但由于数据收集、清洗、整合等环节的时间延迟，会影响数据的时效性。比如，产销协同需要对业务数据进行实时的处理和分析，以便参考销售预测及时调整生产排产计划、库存计划和调拨计划等。
- 数据安全和隐私问题：集成供应链涉及大量敏感数据，如供应商的价格信息、客户的订单信息等，如何保证数据的安全和隐私是一个重要的挑战。
- 数据的规模问题：J 零售连锁企业作为大型跨国零售连锁企业，其供应链数据的规模非常大，需要运用大数据处理的技术和方法。

9.2.3　应对策略

虽然数据治理的基本原则是相同的，如数据质量管理、数据标准化和数据安全等，但由于营销、供应链、财务这些领域的业务特性和数据特性存在差异，因此各企业应对难点问题的策略也会不同。

供应链数据涵盖了采购、生产、仓储、销售等多个环节，涉及的业务流程比较复杂。因此，企业进行供应链数据治理时必须对这些业务流程有深入理解，才能准确地定义数据、处理数据和使用数据。库存数据和物流数据的动态性很高，应该具备很强的实时更新能力，这需要企业采用较为复杂的技术手段。而财务数据的更新周期相对较长，一般而言，采用的技术手段对于实时性的需求就没有那么高。当然，在某些快速分账、返佣的场景中，也可能会有很高的实时性数据处理能力的需求，使用的技术手段也会极为复杂。

供应链数据涉及企业内部各个部门及外部供应商、物流公司等多个参与方，需要实现数据的共享和协同。因此，企业在进行供应链数据治理时要建立数据共享和协同机制。供应链数据的准确性依赖于外部供应商和物流公司的数据输入，企业在进行供应链数据治理时应建立对外部数据的管控和质量检验机制。

针对供应链数据治理的特点，J 零售连锁企业的应对策略如下所述。

- 强化业务流程理解：针对供应链业务流程的复杂性，J 零售连锁企业应该重视对业务流程的理解和梳理，从而更好地理解业务规则，清晰地定义和处理数据；可以定期进行培训和交流，以加深数据治理项目团队对业务流程的理解。同时，J 零售连锁企业应该将业务流程和数据流程结合起来进行观察，形成清晰的业务数据流程图。

- 建立统一的数据标准和数据模型：为解决数据多样性问题，J 零售连锁企业应制定统一的数据标准和模型，如采用标准的商品编码、供应商编码等，使得各个业务系统中数据的定义和标准一致。

- 加强外部数据管控：针对供应链数据的外部依赖性，J 零售连锁企业必须加强对外部数据的管控，重点改善与供应商、分销商和物流公司的数据交换机制，以获取准确的外部数据。同时，J 零售连锁企业应加强对外部数据的质量检验，以确保数据源头的准确性。

- 建立数据共享和协同机制：针对供应链数据的协同性，J 零售连锁企业应建立统一的数据平台，支持数据的共享和协同，保证供应商信息或库存数据在一个系统中发生变化时能及时地同步更新到其他系统中。同时，J 零售连锁企业应明确数据共享和协同的规则与流程，强化数据的一致性。

- 实施实时数据更新：J 零售连锁企业应建立实时数据更新和同步机制，

引入更先进的数据处理技术，如流式计算、实时数据仓库等。同时，J 零售连锁企业应对数据的更新和同步进行监控，增强数据的实时性。

- 数据安全和隐私保护：对于敏感数据，如供应商的合同价格等，J 零售连锁企业要做好权限控制，防止数据泄露。

9.2.4　实现效果

通过数据治理，J 零售连锁企业在供应链集成、全渠道统一盘货、库存优化、供应商管理和协同等多个方面取得了显著成效。这为 J 零售连锁企业的供应链管理提供了强有力的支持，促进了业务的增长和持续发展。

1．供应链集成

通过数据治理，J 零售连锁企业成功实现了供应链集成。J 零售连锁企业的产、供、销等不同环节的供应链数据得以无缝流转，实现了从销售到需求、从采购到生产、从仓储到配送等供应链各个环节的紧密协同，降低了信息断层，提高了基于数据进行决策的能力，极大地增强了整体运营效率。

2．全渠道统一盘货

数据治理使得 J 零售连锁企业能够实现全渠道统一盘货，统一了商品分类和商品编码，将过去不同厂商、不同版本的 WMS 和 ERP 系统进行数据打通。同时，不同渠道的库存和销售数据汇聚到数据仓库进行统一管理和分析，使得 J 零售连锁企业能够更好地把握库存情况，实现库存的合理分配和管理，降低库存成本。

3．库存优化

J 零售连锁企业实现了对库存的精细化管理和优化，通过实时监控库存数据，结合不同类型商品的历史销售数据分析，发现其销售特征模型，对销售趋势做出预测，从而更细粒度地设计各个商品的安全库存、优化补货策略，避免过多的滞销库存，提高库存周转率。

4．供应商管理

J零售连锁企业通过数据治理实现了对供应商数据的集中管理，对供应商的资质、征信、交付能力等信息进行了统一补充、完善。J零售连锁企业可以全面了解各供应商的供货情况、交货准时率等数据，从而进行更精细化的供应商管理，选择合适的合作伙伴，降低供应风险。J零售连锁企业对无效数据进行了有针对性的清洗优化，以供应商主数据为例，原有的各个系统中散落的有效供应商数据超过 8 万条，经过数据规范化，去除重复和识别长期没有业务往来的数据以后，真正有效的供应商数据仅为2000多条。

5．供应商协同

J零售连锁企业通过数据治理项目明确数据开放的标准、数据对接的方式、数据更新时间和身份权限等，促进了其与供应商之间的协同。数据共享让供应商能够更好地了解市场实际需求，从而根据真实情况安排生产和供货，同时加强了J零售连锁企业物流协同和财务对账的自动化作业程度，提高了供应链的敏捷响应能力。

9.3 营销数据治理与应用

营销数据治理是企业实现精准营销、提高市场竞争力的重要手段。本节将着重探讨 K 电子商务公司中的精准营销数据治理案例，详细分析营销数据治理过程中的难点，包括数据采集、数据质量保障、目标用户精准定位等方面；介绍一些在营销数据治理中常用的关键技术，包括用户画像技术、行为分析技术、推荐算法技术等。

9.3.1　案例：K 电子商务公司的精准营销

K 电子商务公司运营着一个在线电商网站，拥有庞大的用户数据，包括注册信息、购买记录、浏览历史等，同时拥有多样化的线下销售渠道，如直营门店、加盟门店及经销商等。为了提升销售效率与营收，K 电子商务公司启动了一个销售管理系统项目。使用该系统，K 电子商务公司能够分析每个渠道的特性，实时监控各个销售渠道的表现，发现渠道经营的问题与机会，从而快速制定相应的策略与行动计划。

K 电子商务公司的门店运营系统是找外部技术供应商独立建设的，满足断网状态下照常开展业务的需求。各门店拿到的订单、商品等信息，与线上的数据差别很大，难以整合。由于历史原因，难以修改老的门店运营系统，只能考虑在数据系统中进行标准化适配。在原有的多个系统之中，客户在注册前和注册后的数据是没有关联、融合的。从多个渠道收集来的用户信息，并没有被识别出来是同一个用户的信息，也不能直接将不同维度的数据合并到一起。

通过对客户数据和营销数据进行清洗、汇总及标签化，K 电子商务公司深度挖掘和分析用户行为、偏好及消费历史等信息，并据此构建用户画像。基于用户画像，K 电子商务公司对客户群体进行细分，进一步优化营销策略，使得营销与推广更加个性化和精准，从而提升转化率和客户留存率。K 电子商务公司还构建了一套包括广告点击率、转化率、购物车弃置率等关键指标在内的指标体系，从而能够更为准确地衡量营销活动的效果。

在 K 电子商务公司的老系统中，产品数据、活动数据是直接耦合的。每次做的活动不一样，系统中产生的产品编号也不一样。当进行营销活动效果的财务分析时，同一个商品由于参加了上百次的促销活动，会存在上百个编号。系统升级后，对主数据进行了固化，每次促销活动中不同的渠道编号、产品编号也都被固定下来，事后可以支持 K 电子商务公司按照产品、渠道等维度进行促销活动效果分析。

K 电子商务公司在促销活动的时效性方面也进行了极大的改善，在各种购物节期间可以按照 5 分钟级别实时看到促销活动方案在不同渠道对不同产品的销量促进效果，及时优化和调整促销策略。

K 电子商务公司还利用营销数据分析和预测市场趋势，如产品需求量、消费者行为习惯、市场竞争态势等。在这个过程中，K 电子商务公司进行全面的数据调研和分析，重新规划业务需求和数据来源；建立数据仓库，通过数据治理平台，大幅提高了数据的准确性和可靠性，同时增强了数据的利用率。这一系列措施极大地提高了 K 电子商务公司的营销数据分析能力，为其业务决策和市场竞争提供了有力的数据支持。

9.3.2 难点解析

在营销领域进行数据治理时，K 电子商务公司可能会遇到以下挑战。

- 数据的多样性：营销数据来自多个渠道和平台，包括社交媒体、电子邮件、电商网站、在线广告、线下门店、外部第三方等。数据的多样性会导致数据整合和分析的难度增加，工作量增大。
- 数据的实时性：实时的营销数据包括用户在网站或应用上的浏览、购物、下单，以及在社交媒体平台上的点赞、分享、评论等行为信息，如实时订单信息、购物车信息等。跟踪这些数据可以帮助 K 电子商务公司及时了解用户的兴趣和行为模式，从而调整营销策略，因此 K 电子商务公司需要确保数据流的实时性和准确性。比如，用户将商品添加到购物车会同步执行销售库存锁定的操作。

- 数据隐私和安全性：由于营销数据通常涉及消费者的个人信息，如行为数据、位置数据、购买记录等，因此 K 电子商务公司在数据治理过程中需要严格遵守数据隐私和安全规定。

- 评估效果的难度：在营销活动中，企业往往要跟踪和评估多个指标，如广告点击率、用户转化率、客户留存率等。在这些指标的标准制定过程中，企业必须经过反复沟通才能形成一套合理的评估体系和模型。就用户转化率而言，定义"转化"可能会比较复杂，因为会涉及不同的行为，如购买、注册、下载等。转化路径也是非线性的，用户可以在多个设备或渠道上进行互动，企业需要对各个渠道来源的用户数据进行识别和改造。

- 数据质量问题：由于营销数据多来源于用户自行输入或第三方提供，因此数据的质量往往难以保证。如何对这些数据进行清洗和验证，并补全必要的信息以提高数据质量，是一个难题。

- 数据分析和应用：营销数据的最终目的是更好地支持营销决策和活动，这就需要企业对数据进行深入的分析和挖掘。如何从大量的营销数据中提取有价值的信息，也是一个重要的挑战。

9.3.3　相关技术

数据指标体系、标签体系，以及埋点技术在营销数据治理中扮演着重要角色，如下所述。

- 数据指标体系：数据指标体系是一套统一的衡量标准。营销数据指标体系为企业分析营销活动的效果和提升营销决策的精准度提供了参考标准。例如，点击率、转化率、用户留存率、DAU（每日活跃用户）等。在数据治理过程中，标准化的数据指标体系有利于企业理解数据、优化数据质量。

- 标签体系：标签体系是对数据的一种分类方式。以会员标签为例，会员标签体系包括会员的年龄、性别、地域、职业、兴趣、行为倾向、购物偏好等。企业可以通过会员标签体系对会员进行更精细的划分，实现个性化营销。在数据治理过程中，标签体系的建立和管理能有助于企业更好地理解及使用数据，提升数据的应用价值。

- 埋点技术：埋点技术是一种收集用户行为数据的方法。例如，用户对于某个按钮的点击行为、页面的浏览时间、页面浏览的路径等。通过埋点，企业可以收集到用户在使用产品过程中的详细行为数据，以便对用户行为进行分析。在数据治理过程中，埋点技术的正确使用可以使企业获得更丰富、更准确的源头数据。

9.3.4　应对策略

营销领域数据治理难点的应对策略如下所述。

- 实时性数据处理：对于一些实时的用户行为数据，如点击率、页面浏览时间等，需要快速获取和处理。使用流数据计算工具处理，如 Kafka、Flink、Spark、实时数据仓库系统等，增强实时数据的处理和分析能力。

- 用户画像构建：数据治理不仅可以保证数据质量，也可以通过数据挖掘和分析提供决策支持。在营销领域，通过用户行为数据构建用户画像，可以帮助企业更准确地理解客户，实现精准营销。

- 指标和标签：建立全面的数据指标体系，如销售额、订单量、访问量等，有助于企业监控和分析销售渠道性能，从而找出优化机会。构建标签体系，对各销售渠道的商品、用户、订单等数据进行分类，分析和挖掘有助于企业运营改善的机会点。采用埋点技术详细记录用户行为，如页面访问、点击行为等，了解用户的习惯和购买需求，为企业制定更有效的营销策略提供依据。

- 跨渠道整合：企业在开展营销活动时经常会整合多个渠道，如网站、移动应用、社交媒体等。企业在进行数据治理时，要将不同渠道的数据进行汇总聚合，以提供一个统一和全面的视图。最好有数据整合工具和标准化的数据模型。

- 营销效果衡量：企业通过设定一套科学的营销指标体系，可以衡量营销活动的效果，如 AB 测试、归因模型等。

9.3.5　实现效果

通过数据治理，K 电子商务公司在精准营销、客户画像、消费者行为分析、营销决策优化和营销活动效果衡量等方面取得了显著的改善，为企业营销战略的制定和执行提供了数据支持，推动了企业的业务增长。

1. 营销自动化平台

K 电子商务公司引入了营销自动化平台（MA），通过数据治理将多渠道的营销数据集中管理，实现了个性化和精准的营销策略。这使得 K 电子商务公司能够根据用户行为和偏好，针对不同的用户群体设计定制化的营销方案。

2. 客户数据平台

数据治理帮助 K 电子商务公司建立了完善的客户数据平台，对用户数据进行整合和清洗，补齐关键信息，构建更为精准的用户画像。通过对用户的基本信息、购买记录、浏览行为等数据进行分析，K 电子商务公司能够更好地洞察用户的兴趣和需求，实现个性化推荐和定制化服务。K 电子商务公司在客户数据平台的建设过程中增强了多维度数据分析的能力，针对客户等级、渠道种类、商品类型、供应商、客户地域等多种维度进行客户数据分析体系的搭建，以满足在营销管理过程对客户数据进行分析、优化的需求。

3. 营销决策平台

通过数据治理，K 电子商务公司在营销决策平台中接入了更多外围系统的数据，改善了数据的时效性。K 电子商务公司通过对活动触达人群数、销售数据、用户参与度、转化率等指标的实时监测和分析评估，全面衡量营销活动的效果，可以对不同营销活动的效果进行对比，并根据对比分析的结果及时调整营销策略、优化营销活动，以及提高营销方案的精确度和有效性。与此同时，K 电子商务公司对各类数据的统计分析维度进行规范，解决了各业务部门之间存在不同的规则且口径不统一的问题。例如，分析客户的区域数据时，之前各业务部门根据管理需求自行定义区域划分，既有按省份划分的，也有按照华东、华北这种区域划分的。在数据治理项目实施之后，一致性的区域划分方式可以支持管理层从公司层面进行整体性的数据分析。

9.4 生产数据治理与应用

生产数据治理与应用是一个极具挑战性和潜力巨大的领域。本节将着重探讨一家机械制造企业通过数据治理项目提升生产效率的案例,详细介绍该企业在生产过程中所面临的挑战与问题,分析如何通过数据治理来优化生产流程、降低成本、提高产能,从而实现企业的高效生产。通过这个案例,读者可以更好地理解生产数据治理在实际应用中的价值和意义,在数据治理实践中迈出更加坚实的步伐。

9.4.1 案例:M 机械制造企业的生产效率提升

M 机械制造企业(简称 M 企业)将重要的生产数据汇聚到数据湖中,实现了生产过程的可视化。M 企业主要采用 MTO(Make to Orde,按订单生产)模式,每个订单中设备的参数不同,选择的配件和生产工艺也有差异,成本自然也会不同。要精细化地核算每个订单的成本,就需要对订单数据的整个流转过程进行细致的管理和追踪。为了满足这些需求,M 企业梳理了端到端的业务流程,制订了精细化的生产计划,并实时调整。该计划涵盖生产进度、原材料需求、人力资源和设备产能等数据。

M 企业严格管理原材料采购和库存,数据管理包括原材料的采购、入库、出库和库存监控。为了保证产品质量,M 企业还建立了完善的质量管理体系,采集和分析产品质量检测数据及质量问题处理记录,以便在发生质量问题时可以回溯。

M 企业对生产执行过程中的不同阶段进行实时监控和分析,包括生产效率、设备状态与工序记录,以保证生产的稳定及高效。M 企业对设备的维护和保养也有详细的计划,并对计划执行情况进行追踪。考虑到每个订单的生产需求不同,M 企业对每个订单的成本进行分析和计算,包括原材料成本、人工成本和制造成本等。

M 企业通过建立统一的数据共享和协作机制，保障数据的及时、准确传递，避免信息的不一致性和重复性。此外，可视化的数据分析平台使 M 企业实现了对生产过程的实时监控和对关键指标的可视化展示。此平台能够进行深度数据挖掘和分析，从而发现潜在问题，有助于 M 企业生产效率的提升和成本的控制。

9.4.2 难点解析

M 企业的数据治理难点如下所述。

- 数据的多样性与复杂性：生产管理系统涉及的数据源包括设备传感器数据、MES 数据、ERP 系统数据等。这些数据的来源多样、格式复杂，包含结构化和非结构化数据，处理起来较为困难，工业 4.0 技术的应用使得生产过程中的数据源更加丰富，如传感器、RFID（Radio Frequency Identification，射频识别技术）标签、计算机视觉等。这些数据的采集和传输涉及多种设备和系统，导致数据采集和传输的难度变大。

- 实时数据管理：在生产管理领域，有些数据对时效性要求极高，如传感器、设备状态和生产进度等数据。想要实现设备故障预警，就需要在最短的时间内捕捉并处理这些数据。在 MTO 模式下，为了迅速响应订单需求，M 企业必须具备实时的生产计划调整能力，这就对数据的实时采集、分析和管理提出了更高的要求。

- 大数据处理：随着工业 4.0 技术的深入应用，生产过程中会产生海量的数据，如设备传感器数据、生产日志数据等。如何有效处理这些大数据，是 M 企业在进行数据治理的过程中面临的一个挑战。

- 业务复杂性：在 MTO 模式下，供应链管理的复杂性会增加，因为企业不仅需要根据每个订单的具体需求进行原材料采购需求计算和库存管理，还要考虑到采购周期、生产周期、物流周期对于交货时间的影响。这就必然要求 M 企业对供应链相关的数据进行更为精细的管理和分析。每个订单的明细项不同，成本结构会有很大的差异。要想精确地核算每个订单的成本，并非易事。

9.4.3　相关技术

物联网、实时数据处理、边缘计算、人工智能和知识图谱等技术在生产数据治理过程中扮演着重要的角色，可以有效提高企业的数据采集、处理和分析效率，帮助企业及时发现生产过程中的问题与机会，提高企业的竞争力及发展潜力。

- 物联网技术：物联网技术是指将传感器、智能设备、计算机等物理设备通过互联网互相连接的技术。在生产数据治理过程中，企业通过物联网技术可以实时采集生产现场的数据，包括温度、湿度、压力、振动等参数。物联网技术可以有效提高企业生产数据的采集效率和准确性，为实时数据处理提供支持。

- 实时数据处理技术：实时数据处理技术是指对采集到的数据进行实时处理和分析的技术。在生产数据治理过程中，企业可以通过实时数据处理技术来及时发现生产过程中的异常和问题，如机器故障、生产线阻塞等。企业利用实时数据处理技术还能对生产过程进行实时监控和预警，以及时采取应对措施。

- 边缘计算技术：边缘计算技术是指将计算和数据存储等计算机处理

任务从数据中心转移到离数据源更近的边缘设备上进行处理的技术。在生产数据治理过程中，企业通过边缘计算技术可以在现场对采集到的数据进行初步处理和分析，缩短数据传输和处理的延迟时间，提高数据处理的效率。此外，企业利用边缘计算技术还可以将部分计算和处理任务从数据中心转移到边缘设备上进行处理，减轻数据中心的计算压力，增强数据处理的并发性和可靠性。

- 人工智能技术：人工智能技术是指通过模仿人类智能的方式，对数据进行学习和分析，并从中发现相应的模式和规律。在生产数据治理过程中，人工智能技术可以用于自动化数据分析和处理，如预测生产设备故障、优化生产过程等。

- 知识图谱：知识图谱是一种基于图形模型的知识表示和管理技术，能够将实体、关系和属性等知识元素进行图形化表示。在生产数据治理过程中，知识图谱可以用于构建生产过程中的知识结构，将生产设备、工艺流程、产品、供应链等元素进行关联和可视化展示，为企业的生产管理及决策提供智能化支持。

9.4.4　应对策略

针对 M 企业在生产数据治理过程中遇到的数据治理难题，可以采取以下应对策略。

- 设计合理的数据模型：结合业务场景，对数据进行多维度的分析和建模，满足订单管理、工艺管理、材料管理、生产计划管理等方面的需求；制定一套包括生产效率、设备利用率、产品质量、订单执行等多个指标在内的数据指标体系，通过对这些指标进行定义、衡量、计算和分类，M 企业能更加全面地了解生产情况，及时发现问题并进行改进。

- 数据和物理世界的整合：在生产环境中，数据和物理世界（如设备、物料）的整合非常重要。例如，将设备数据和设备物理状态相对应，将库存数据和实际库存相对应。这就需要 M 企业在进行数据治理时能够管理物理世界的信息，并能够保证库存数据和物理世界的实物库存一致，以及设备数据和物理世界设备的真实运行状态一致。

- 设备和传感器数据管理：生产环境中的设备和传感器会产生大量的数据，如设备运行状态、温度、压力、参数等。这些往往是非结构化数据，并且具有高度的实时性和连续性。管理这些数据需要采用特定的数据处理和存储技术，如时间序列数据库。

- 实时性和连续性：企业在生产环境中往往需要进行实时、连续的数据监控和分析，如设备状态监控、生产线效率监控等。这要求数据治理具有实时性和连续性。M 企业可以采用实时数据流处理、时序数据库和分布式数据库等工具，处理和存储大量的实时生产数据；设计和实现高效的数据连接管道，完成多系统之间的对接，让数据全链路无缝流转，并快速、安全和准确地传输。这对于实时响应订单需求、进行生产计划动态调整尤为重要。

- 预测和预警：生产数据治理不仅关注历史数据，还通过数据对未来进行预测，如预测设备可能的故障、预测产能等，这需要用到机器学习和其他预测技术。同时，M 企业还可以建设实时预警系统，对影响生产的关键风险进行提前预警。

- 安全性和稳定性：生产环境的数据治理系统要求高度的安全性和稳定性，任何数据问题或系统故障都可能影响到生产。M 企业应该建立健全数据安全管理和系统维护机制。

- 数据质量监控和维护：为了保证 MTO 模式下生产数据的质量，M 企业应当建立数据质量监控和维护机制，及时发现和纠正数据质量问题，保证数据的可靠性和有效性；采用数据质量管理工具，对数据进行清洗、验证和修正，确保数据的准确性和完整性；建立一套完整的数据监控和预警系统，对生产环节中的数据进行实时监控，及时发现和处理数据中的问题。

9.4.5　实现效果

通过在生产数据治理与应用方面的实践，M 企业增强了订单履约全链路可视化、物料一致性、BOM 管理、生产计划实时监测和动态调整、生产效率分析、质量管理体系等多方面的能力，大幅提升了企业的生产效率和产品质量。

1．订单履约全链路可视化

通过建立 OTC（Order to Cash，订单—现金）平台，M 企业实现了从接收订单到结算回款的全链路可视化。M 企业将涉及订货、生产、供应、仓储、财务等环节的数据整合，构建了统一的数据指标分析模型，将数据清洗后接入实时数据仓库，实现了订单履约过程的实时监控和追踪，从而提高了订单履约的效率和准确性。

2．物料一致性

数据治理帮助 M 企业建立了物料数据一致性体系，将涉及不同部门的物料分类、物料编码数据进行标准化和整合。M 企业以研发、采购、制造、库存等需求为基础，设计统一的物料编码分类，标准化物料属性定义，汇总营销、研发、采购、生产、仓库、售后等领域的系统属性共计 900 多个，对各系统物料属性规范不一致、属性值的取值标准不统一、属性数据流转不规范等问题加以解决。这使得 M 企业能够准确地识别和跟踪各种物料，避免了由物料信息不一致引起的生产错误和延误。

3．BOM 管理

数据治理在 BOM 管理方面发挥了关键作用。M 企业通过数据流向分析，梳理并重新明确 BOM 管理流程。由研发部门对零件号和 BOM 的规则定义负责，IT 部门负责将这些业务规则在系统中实现。同时，研发部门负责零件号和 BOM 的生成及发放。通过整合设计、工程和生产等部门的数据，M 企业能够实现 BOM 的精确管理，确保产品设计与实际生产一致，避免了由 BOM 不准确引起的生产问题。

4．生产计划实时监测和动态调整

M 企业实现了生产计划实时监测和动态调整，可以根据市场需求、设备状况等因素实时调整生产计划，提高了生产的灵活性和响应能力。

5．生产效率分析

M 企业通过生产效率分析平台，对生产过程中的各项指标进行深入分析，识别可能造成生产效率低下的问题点。此外，M 企业还建立了设备预警系统，通过监测设备数据，提前发现并解决潜在的设备故障，避免了生产中断。

6．质量管理体系

通过数据治理，M 企业建立了完善的质量管理体系。当出现质量问题时，M 企业能够通过数据溯源追踪产生问题的根本原因，从而采取有针对性的措施，降低质量问题的发生率。

9.5 本章小结

从业务场景分析视角出发，在财务、供应链、营销等不同业务场景中，数据治理项目面临的业务难点和应对策略在细节方面会存在诸多差异。深入研究和理解这些差异性非常重要，因为不同业务场景涉及的数据类型、数据来源、数据用途、业务需求等各不相同，企业需要有针对性地设计和实施数据治理方案。

财务领域需要高度准确的财务数据，进行数据治理时涉及复杂的财务准则、会计科目体系不统一等问题。在供应链领域，难点是数据多样性和异构性带来的整合困难。营销领域的数据来自多个渠道和平台，时效性差。而在生产领域，复杂的产销采业务协同、多样化设备数据采集都可能是难点。如果不能有针对性地应对这些差异，则数据治理项目可能无法满足业务的实际需求，甚至导致资源浪费和投资回报不高。

有效针对不同业务场景的独特性来制定数据治理的应对策略，关键在于深入了解业务需求和数据特点。各业务部门应密切合作，明确业务目标和挑战，理解数据在业务决策中的关键作用。企业应对不同业务场景的数据进行全面分析，包括数据类型、来源、质量要求等方面；根据分析结果制定灵活的数据治理策略，重点关注数据质量提升、数据安全保障、数据集成优化等方面。此外，企业应结合业务需求，选择合适的数据治理技术和工具，确保数据治理方案与业务目标紧密契合；持续监控和优化数据治理效果，根据业务变化及时调整策略，不断提高数据驱动决策的能力，实现数据治理的长期持续价值。通过这样的方式，数据治理能够在不同业务场景中真正发挥作用，为企业创造更大的商业价值。

后记

总结与展望

　　未来，数字孪生和元宇宙可能会与现实生活融合，数据治理技术将在这些场景中扮演重要的角色，帮助我们更好地管理和利用数据。

　　例如，未来某一天，小明在家中感觉严重胸闷和呼吸困难，他马上打开智能手机上的健康应用，进行了身体指标的检查。应用程序显示他的心率、呼吸频率和血氧饱和度等指标明显偏低，需要立即就医。小明赶紧启动家中的智能医疗设备，将自己的身体指标数据上传到数字孪生系统中。数字孪生系统将这些数据映射到一个虚拟"小明"上，小明可以在虚拟"小明"中观察自己的身体状态和变化。

　　数字孪生系统分析小明的身体指标和历史病历数据，预测出他的病情可能与哮喘有关。数字孪生系统为小明提供了一系列的治疗建议，如使用雾化器和吸入器进行治疗，并建议他尽快就医进行深入的检查和治疗。

　　在医院，医生通过医疗诊断系统同步虚拟"小明"的数据，进行智能化检查和诊断。数字孪生技术帮助医生更好地了解小明的病情及治疗方案，并提供更加准确、可靠的诊断与治疗建议，小明得到了及时的治疗和关怀，很快恢复了健康。

未来的某天，小明收到了一封工作邮件，通知他前往欧洲出差。但是，他的护照和签证已经过期了，要办理好新的护照和签证才能出发。小明马上打开自己的智能手机，上传自己的指纹、面部照片、视频和身份证信息，数字孪生技术将这些信息映射到数字世界的"小明"档案中。

小明利用数字孪生技术生成护照和签证申请表，并填写了个人信息、旅行计划和其他必要的信息。数字孪生技术将这些信息同步到数字世界的"小明"上，并使用安全加密技术保护信息安全和隐私。随后，小明通过数字孪生技术进行了面部识别和生物特征认证，以验证小明的身份及信息的真实性。小明顺利地办理了新的护照和签证，并开始了欧洲出差的计划。

在数字孪生方面，数据治理技术将帮助我们有效地收集、存储、分析和应用数据，以创建更真实、更可靠的数字孪生模型。通过实时数据采集和监测，我们可以不断更新数字孪生模型，从而更好地理解物理世界中的变化和趋势。数据治理技术还可以帮助我们管理数字孪生模型中的数据，确保数据的质量和一致性，从而提高模型的精度及可靠性。

在元宇宙方面，数据治理技术将发挥更加重要的作用。元宇宙是一个虚拟的数字世界，其中包含大量的数字资产和信息。数据治理技术可以帮助我们管理和保护这些数字资产及信息，确保它们的安全与隐私性。此外，数据治理技术还可以帮助我们在元宇宙中更好地利用数据，如通过数据分析和挖掘，为用户提供更好的服务和体验。

数据治理技术展望

随着技术的不断进步，智能化的数据治理方案会变得更加普遍。以下是一些智能化的数据治理方案。

- 自动化数据管理：未来会有更强大的自动化工具和技术出现，自动完成数据管理任务，如自动清洗、分类、分析和保护数据等。这些工具可以减少人工干预和错误率。

- 自我学习的数据质量管理：未来会有更多的机器学习技术应用于数据质量管理，自动检测和修复数据中的错误及缺陷，同时根据数据质量的变化来调整数据治理策略。

- 人工智能技术数据分析：机器学习技术可以帮助企业更好地理解和分析大量的数据，包括识别数据中的模式及趋势，同时还可以用来预测未来的数据变化。这些信息可以帮助企业更好地基于数据进行决策。

- 智能数据保护：未来会有更多智能化的数据保护技术出现，帮助企业更好地保护数据隐私和提高保密性，如基于密码学技术的安全存储、加密和访问控制等。

- 以数据为中心的智能业务流程：未来的企业会采用以数据为中心的智能业务流程，将数据作为业务流程的驱动力，通过智能化的技术和工具来实现更高效、准确和可靠的业务流程。

NLP（Natural Language Processing，自然语言处理）技术是一种人工智能技术，可以对自然语言文本进行处理和理解，包括语义分析、情感分析、文本分类、命名实体识别等。

在数据治理项目中，NLP 技术可以在多种应用场景中发挥作用。NLP技术可以用于数据清洗与预处理过程，提取非结构化的文本数据（如对客户反馈、合同条款、产品说明等），并将其转化为标准化、一致性的形式，进而提高数据分析和处理的准确性。

在进行数据治理时，企业需要对大量的文本数据进行命名实体识别，如对人名、地名、组织名等进行识别和标注。NLP 技术可以帮助企业自动识别和标注文本中的命名实体。通过命名实体识别和关系抽取，NLP 技术可以帮助企业更深入地理解数据内容，为数据治理提供宝贵的建议。利用该技术进行文本分类和聚类，企业能更有效地管理和利用非结构化数据。

此外，NLP 技术能够应用于语义搜索和自动摘要生成，不仅能增强数据的可检索性，也能提升其易用性。通过这种技术，企业能有效地挖掘和分析大量的文本数据，揭示文本中隐藏的信息和关系。例如，利用 NLP 技术，企业可以进行用户评论的情感分析、新闻报道的主题分析，或者对客户服务记录进行自动摘要等。这有助于企业更深入地理解数据和客户需求，从而提高决策的准确性和可靠性。

知识图谱技术是一种人工智能技术，可以对大量的数据进行语义建模和关联分析，从而形成一张具有层次结构、关系图和实体属性的知识图谱。知识图谱技术可以有效增强数据治理的效率。

知识图谱技术的应用过程如下：通过定义统一的知识表示模型，包括概念、实体、属性、关系、事件等，进行数据的统一表示与建模；针对结构化数据和半结构化数据进行知识抽取，包括命名实体识别、属性抽取、事件抽取等；利用多策略信息抽取模型处理半结构化数据和非结构化数据；实现知识或数据的深层次语义融合，包括本体对齐、实体对齐、关系发现和实体链接；基于统一的知识图谱构建智能应用，如语义检索、智能问答等。在数据治理过程中，企业可以将智能问答系统的能力用于数据标准的培训和检索，有效促进数据标准的快速落地。

结束语

随着未来智能化技术的不断进步和发展，我们正在快速步入一个全新的数据驱动的时代。大数据、大模型、人工智能、AIGC 及知识图谱等技术的飞速发展，使数据治理的实践方法变得更加丰富和先进。与此同时，国内很多行业的头部企业，刚刚开始进行主数据系统建设，此前大量的 BI 项目、数据中台项目因为缺少良好的数据治理作为基础，错误数据汇聚造成了错乱的结果，空有技术的架子，距离真正实现"数据智能化驱动企业增长"还有很长的路要走。

科技的进步为我们提供了前所未有的便利和机会，但我们应当始终谨记，技术发展的本身并不是目的，而是手段。我们真正的目标应该是通过技术赋能应用，为我们的生活和工作带来更多的价值和便利。因此，我们不仅要研究新的技术，也应当深思熟虑地使用这些技术，以最有效和最可持续的方式满足我们的需求。

数据治理是一个复杂而持久的过程，要求我们持续地投入和努力。同时，它也是一项极富挑战性与创新性的工作，需要我们不断探索及创新，以适应日新月异的新技术和复杂而多变的业务场景。希望这本书能为各位读者朋友在数据治理的道路上提供一些启示和引导，帮助诸位更好地理解和应对数据治理带来的挑战与机遇。

在这个不断变化和进步的时代，只有不断学习、不断尝试、不断进步，才能在数据治理的道路上走得更远、更稳。让我们一起用数据治理相关方法、制度、流程、技术来激发数据的力量，创造更美好的未来。